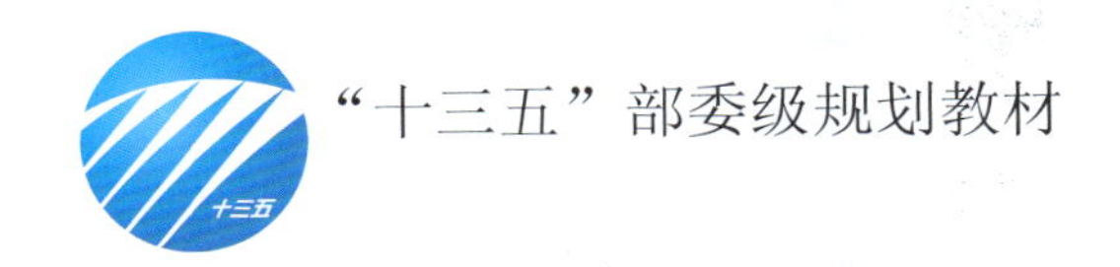

"十三五"部委级规划教材

电脑时装画教程

CG Fashion Illustrator Tutorials

殷 薇 主 编
郑宗兴 李 娟 副主编

TUTORIALS

SAI
PAINTER
PHOTOSHOP

从入门，到进阶——快速掌握
知识+技法+实战——要点全面展现

附赠光盘

中国纺织出版社

内容提要

本书是“十三五”部委级规划教材。以突出服装绘画风格、强调实用技术为编写特色。从培养服装专业计算机绘画人才的目的出发，按照服装插画师应具备的职业素养编排课程内容。本教程共分四章，分别介绍了Photoshop、SAI、Painter三种常用的绘画软件在服装画中具体使用方法和各种表现技法，配合具体实例图片，分步骤进行了详细的阐述，由浅入深，从基础到综合的运用，针对服装插画这一独特的画种进行分类的示范教学。

本书既可以作为高等院校服装设计专业学生的教材，也可以作为服装设计专业人员及服装插画爱好者学习和阅读的参考用书。

图书在版编目（CIP）数据

电脑时装画教程／殷薇主编．--北京：中国纺织出版社，2018.7

“十三五”部委级规划教材

ISBN 978-7-5180-5173-1

Ⅰ．①电… Ⅱ．①殷… Ⅲ．①服装－绘画－计算机辅助设计－高等学校－教材 Ⅳ．①TS941.28-39

中国版本图书馆CIP数据核字（2018）第136520号

责任编辑：宗　静　　责任校对：楼旭红　　责任印制：何　建

中国纺织出版社出版发行
地址：北京市朝阳区百子湾东里A407号楼　邮政编码：100124
销售电话：010—67004422　传真：010—87155801
http：//www.c-textilep.com
E-mail：faxing@c-textilep.com
中国纺织出版社天猫旗舰店
官方微博 http：//weibo.com/2119887771
北京玺诚印务有限公司印刷　各地新华书店经销
2018年7月第1版第1次印刷
开本：889×1194　1/16　印张：7.75
字数：89千字　定价：49.80元

凡购本书，如有缺页、倒页、脱页，由本社图书营销中心调换

前　言

自20世纪80年代中期至今，我国服装专业高等教育蓬勃发展了近30年，现已成为世界上服装专业大学生最多的国家。根据高等教育出版社最新出版的《普通高等学校本科专业目录和专业介绍（2012）》的专业介绍，服装与服饰设计专业应依据服装行业发展人才需求方向，培养具有较强艺术素养、具备服装结构工艺、服装设计及服装经营管理理论知识及能在服装艺术设计领域与应用研究领域及艺术设计机构从事设计、研究、教学、管理等方面工作的高级专门人才。在数字媒体技术高速发展的今天，传统的服装绘画形式的局限性逐渐显现出来。电脑时装画迅速发展，在满足商业社会快速周转的前提下，形成了自身独有的画风和特点。电脑时装画作为服装专业高等教育的新兴的一门重要专业课程，是一门电脑技术与服装设计、绘画相结合，也是表达设计理念、思维的形象语言的课程，在服装艺术设计人才培养的整个学习环节中作用直接而重要。通过该课程的理论与实践学习，使学生熟悉各种计算机时装画技法的形式、掌握各种技法的表现技巧，从而能够将自己的设计认知及思维有效地用计算机表现出来，同时也能体会不同的风格，提高鉴赏眼光等，并为后续设计课程打下坚实的基础。

本书积累了编者十余年教学心得和绘画经验，较系统地概括，归纳了常用软件的基础知识，分别介绍了PhotoShop、SAI、Painter三种常用的绘画软件在时装画中具体使用方法和各种表现技法，配合具体实例图片，分步骤进行了详细的阐述，由浅入深，从基础到综合的运用，针对时装画这一独特的画种进行分类的示范教学。在教材的编写过程中，得到了闽江学院服装学院11级传媒班岳耀权同学为本书提供了作品支持；也得到了中国纺织工程学会、闽江学院的领导和教师们的支持与帮助，在此一并表示感谢。

本书旨在与读者进行更广泛的交流，它既是一部电脑时装画教材，也可以作为服装设计爱好者的参考书籍。《电脑时装画教程》编写完成，对电脑绘画类课程教学也是一个小小的总结。在编写过程中难免有不足和疏漏之处，敬请专家和读者批评和指正。

编者

2018年06月

教学内容及课时安排

章/课时	课程性质	节	课程内容
第一章 （6课时）	基础理论		基础知识
		一	CG 时装画是什么
		二	CG 的准备工作
		三	常用绘画软件介绍
第二章 （10课时）	PHOTOSHOP 应用理论与训练		PHOTOSHOP
		一	Photoshop 绘画的基本操作
		二	Photoshop 实操案例 1
		三	Photoshop 实操案例 2
		四	Photoshop 实操案例 3
		五	Photoshop 时装画欣赏
第三章 （8课时）	SAI 应用理论与训练		SAI
		一	SAI 绘画的基本操作
		二	SAI 实操案例 1
		三	SAI 实操案例 2
		四	SAI 过程案例 1
		五	SAI 过程案例 2
		六	SAI 时装画欣赏
第四章 （8课时）	PAINTER 应用理论与训练		PAINTER
		一	Painter 绘画的基本操作
		二	Painter 实操案例
		三	Painter 过程案例 1
		四	Painter 过程案例 2
		五	Painter 过程案例 3
		六	Painter 过程案例 4
		七	Painter 过程案例 5
		八	Painter 时装画欣赏

目录 contents

第一章 基础知识

第二章 PHOTOSHOP

第三章 SAI

第四章 PAINTER

第一章

基础知识

第一节　CG 时装画是什么

“CG”原为Computer Graphics的英文缩写。随着以计算机为主要工具进行视觉设计和生产的一系列相关产业的形成，国际上习惯将利用计算机技术进行视觉设计和生产的领域通称为CG。

时装画（Fashion Illustration）是以绘画作为基本手段，通过丰富的艺术处理方法来体现服装设计的造型和整体气势的一种艺术形式。

正是时代的需求产生了CG时装画这种艺术。在现在这个时代，只要是商业美术领域，就得掌握数字插画的相关技法（图1-1）。

CG时装画是科技与设计相结合的产物，是绘画艺术中的一种。首先，具有表现的多样、组合的任意、流程的规范、现实的虚拟等技术特征。其次，画稿数据存储、传输模式的革命，带来了新的创作观念和手段。此外，技术与艺术的联姻，使得时装画在绘画技法和表现力度方面，也取得了极大的进展。相对于传统时装画，CG时装画有着与生俱来的艺术特质。以CG绘画的形式来展示时装画设计，技术与艺术的联姻，使得时装画在绘画技法和表现力度方面，突破传统绘画模式（图1-2、图1-3）。

图 1-1

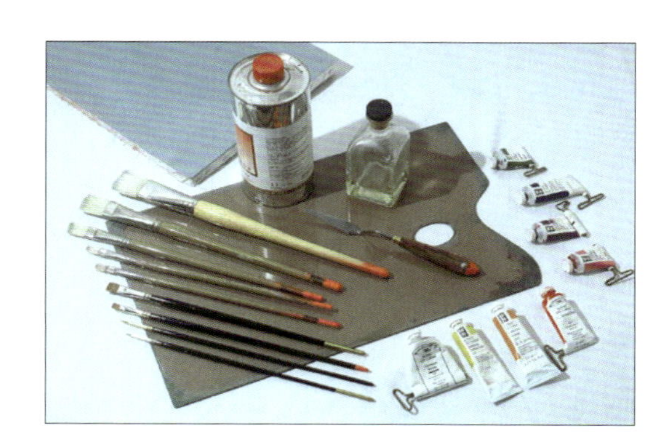

图 1-2

图 1-3

第二节　CG 的准备工作

工欲善其事，必先利其器

艺术是可以伴随一生提高的门类，只有起点，没有终点。在所有的学习开始之前，必须准备一下基本工具和设备。如果不具备这些基本条件，一些技术性的练习工作可先不急于去做。

一、平台环境

CG绘画的笔与纸就是数位板（鼠绘，材质拼贴不谈）和电脑。

1. 硬件

硬件包括电脑、数位板、数位屏，主要介绍数位板。

（1）手绘板。现在市面上的手绘板主要有WACOM、汉王、友基、现代、绘王、凡拓、文明、蒙恬、摩根触控、精灵、威艾等（图1-4）。

图 1-4

一线品牌有：WACOM、汉王、友基。

WACOM公司于1983年成立于日本琦玉县，除日本总公司外，WACOM在美国、德国与中国设有分公司，其产品根据不同用户群体分为Bamboo、影拓两大系列。

汉王科技股份有限公司成立于1998年，公司位于北京海淀区，汉王手绘板主要分为创意星人、创意大师、绘画大师等系统（图1-5）。

友基科技成立于1998，友基手绘板分为漫影、绘影、Rainbow 三大系列，其中绘影系统分为绘影和绘影II。

二三线品牌有：高漫、丽境、凡拓、文明、蒙恬、摩根触控、精灵、威艾等。

手绘板选择品牌不能作为唯一标准，需要根据具体需要来选择合适型号，手绘板选择主要依据有：压感笔（压感笔主要分为有线无源，无线无源）、压感级别、可使用面积大小，读取速率（图1-6）。

图 1-5

图 1-6

（2）压感笔。压感笔分为有源无线和无源无线两种。

有源无线是指无线的笔，但是笔内需要装置电池，国内品牌一般采用这种解决方案，主要代表为友基、绘王、凡拓等。

无源无线是指无线的笔，笔内不需要装置电池，WACOM采用这种解决方案，国内品牌绘王也在开发无源无线的可靠解决方案（图1-7）。

（3）读取速率。市面上有手绘板读取速度分别有100点/秒、133点/秒、150点/秒、200点/秒、220点/秒，现在数位板压感普遍都为133点/秒以上（图1-8）。

（4）压感级别。压感级别是手绘板选择中的重点，手绘板压感分为512压感、1024压感、2048压感三个等级，压感等级越高画出来的效果越细腻（图1-9）。

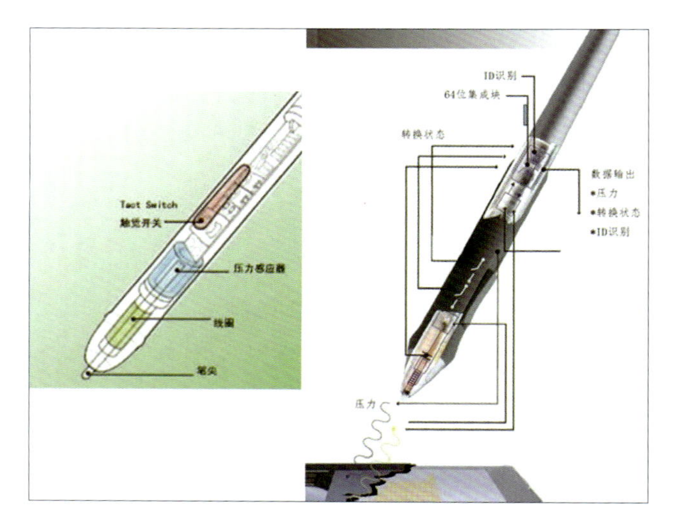

图 1-7

图 1-8

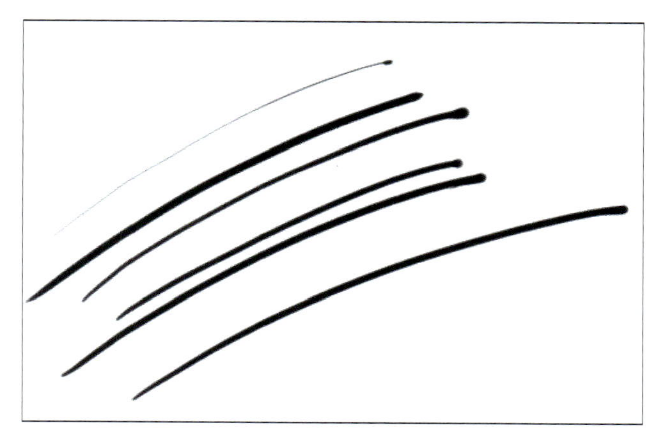

图 1-9

2. **软件**

绘图软件一般是Photoshop、Painter、SAI，还有其他很多软件，不过这些已足够用了。学会快捷键操作、图层模式等，并不复杂，多练习就明白。具体介绍请看下一小章节。

二、利用互联网

学习CG时装画，一定要有畅通的网络环境（图1-10）。

图 1-10

不要以为买几本书就足以开展学习了，电脑时装画学习，如果没有网络，那就可以说把自己的命脉断掉了。通过网络可以收集资料，获取知识和信息；可以发布作品，与其他人交流，所以不要以为买几本艺术类的书，在家狂画就可以学习插画了，这是不可能的，一定要有网络，一定要交流。

三、安定的绘画空间

绘画时你需要一个安定的绘画空间，就是营造良好的学习环境（图1-11）。

图 1-11

一个稳固的空间会让你感到很大的存在感，一个很大的存在感会给你很大的学习动力。

四、绘画基础

“基础”和其他事物一样，并不会凭空产生、更不会无故消失。基础是经过努力改变，得到的收获；它不是某种阻碍，而是一种正面积极心态产生的结果。就好比一位飞行员，必然是从一个“门外汉”，经过自身努力和不断学习研究，学会了飞行技巧，又经过日积月累、提高技术，从而成为这个专业的行家里手。

所以，简单的一句话而言：基础——不是凭空产生，而是可以通过努力来改变的！

勤奋，多观察、多思考、多练习！再有天赋，不去画，画后不总结，也不会有进步的。这个是日久见真功的活儿，需要积累。

第三节　常用绘画软件介绍

一、Photoshop 介绍

Photoshop（简称PS）是Adobe公司旗下最为出名的图像处理软件之一，是一款非常成熟的软件，集图像扫描、编辑修改、图像制作、广告创意，图像输入与输出于一体的图形图像处理软件，深受广大平面设计人员和电脑美术爱好者的喜爱（图1-12）。

图 1-12

无论配合手绘板还是仅仅用鼠标进行鼠绘，PS都能做出异常精美的CG。就绘画方面而言，其默认笔触虽然不及Painer多，可是通过调节笔触面板就能得到各种各样的笔触效果了，还可以随意旋转画布的功能，是一款非常灵活的软件。

功能★★★★★（功能是介绍的软件里最强大的）
实用★★☆☆☆（普通人只能用到 PS 的 20% 的功能）
上手★★★★☆（浅学易、深学难）

推荐版本

Photoshop CS6/Photoshop CC

新人的话最好用最新的版本，别看大师都用CS4、CS5，其实只是个人习惯，稳定性差别不大。而旧的版本较为朴素，很多新的功能体现不到，界面也略显呆板。

如果电脑性能实在欠佳的话，选择CS2或CS3还是可以的。

推荐理由：

强大的处理，强大的后期。

但基于PS是图像处理软件，或许不能给大家一个接近现实的绘画体现，原始笔刷也过于简单，同时还需要了解Adobe的操作框架，入手有难度，掌握之后方可运用自如。

适合人群：

美术功底深厚，意向做游戏或动漫等人士，还有各种CG绘画爱好者。

评语：

PS是对新人、老手都很实用的软件，新手可以搭配SAI+PS的组合，用SAI绘画，PS处理效果。

二、SAI 介绍

Easy Paint Tool SAI是一款专门绘图的软件，功能简单、易用，比PS、PT更加亲民，而且软件所需空间非常小，只有3M不到，免安装（图1-13）。

图 1-13

SAI一个非常独特的画图软件，作为一款绘画软件，SAI有着极快的运行速度和很多不可代替的功能，这些使这款软件成为绘画的新宠。

功能★★★☆☆（功能较为简单）
实用★★★★★（100% 运用）
上手★★☆☆☆（轻松方便）

推荐版本

Easy Paint Tool SAI V1.1.0

SAI对电脑没有要求，只要能开机的电脑几乎用它都不会卡。

针对日本画风的漫画进行优化以及精简，操作简单。

推荐理由：

轻松自在的绘画体验，能轻松掌握。

适合人群：

新手、刚接触CG绘画。

评语：

很多人都在用SAI，SAI给人的感觉就是简单、轻松，画画本来就不应该受软件拘束的。所以SAI适合各种各样的人群，是入门级软件。

三、Painter 介绍

Corel Painter是目前世界上最为完善的电脑美术绘画软件，它以其特有的“Natural Media”仿天然绘画技术为代表，在电脑上首次将传统的绘画方法和电脑设计完整的结合起来，形成了其独特的绘画和造型效果。它在我国的名声不够大，主要原因是没有美术的功底根本不能驾驭它（图1-14）。

图 1-14

而Painer最大的特点就是现成笔触是所有绘图软件中最多的。并且可以自由旋转画布，具有分层效果，并且有一个独有的水彩图层，可以模拟极其逼真的水分扩散效果。

功能★★★★☆（绘画方面的功能强大，笔触丰富）
实用★★★★☆（很实用）
上手★★★★☆（需要有美术功底的支持）

推荐版本

Corel Painter11/Corel Painter12

PT12对比PT11界面改变较大，内容还是差不多，不过依然建议下载最新的版本。

这软件某些笔刷还是需要很大内存的，电脑性能欠佳的同学做好延迟的思想准备。

推荐理由：

接近最真实的绘画体验。

适合人群：

美术功底深厚的人士。

评语：

门槛有点高，这软件比较适合有美术功底的人。

PT处理方面比较薄弱，可以搭配PS用。

第二章
PHOTOSHOP

第一节 Photoshop 绘画的基本操作

首先是Photoshop（简称PS）的安装，具体方法可参考网络中的PS软件安装教程。安装好后，双击PS图标，启动界面。

一、Photoshop 主界面介绍

Photoshop主要的绘画界面由菜单栏、工具属性栏、工具箱、导航器、画笔面板、图层面板等组成（图2-1）。

1. 菜单栏

将Photoshop所有的操作分为十一项菜单。如编辑、图像、图层、滤镜等，包含了操作时要使用的所有命令。要使用菜单中的命令，只需将鼠标光标指向菜单中的某项并单击，此时将显示相应的下拉菜单。在下拉菜单中上下移动鼠标进行选择，然后再单击要使用的菜单选项，即可执行此命令。

2. 工具属性栏

工具属性栏会随着使用的工具不同，工具属性栏上的设置项也不同。

3. 工具箱

工具下有三角标记，即该工具下还有其他类似的命令。所有工具共有50多个。要使用工具箱中的工具，只要单击该工具图标即可在文件中使用；当选择使用某工具时，工具选项栏则列出该工具的选项；按工具上提示的快捷键使用该工具。

按Shift+工具上提示的快捷键，切换使用这些工具。按Tab显示/隐藏工具箱、工具选项栏和调板。按F切换屏幕模式（标准屏幕模式、带有菜单栏的全屏模式、全屏模式）。

4. 导航器

可调整图像的缩放比例和视图区域。在文本框中键入值、单击“缩小”或“放大”按钮或拖动缩放滑块都可更改缩放比例。在图像缩览图中拖动显示框可移动图像的视图，显示框代表图像窗口的边界。也可以在图像的缩览图中单击以指定视图区域，适合随时观察画面的整体效果（图2-2）。

A．缩放文本框

B．缩小

C．缩小/放大滑块

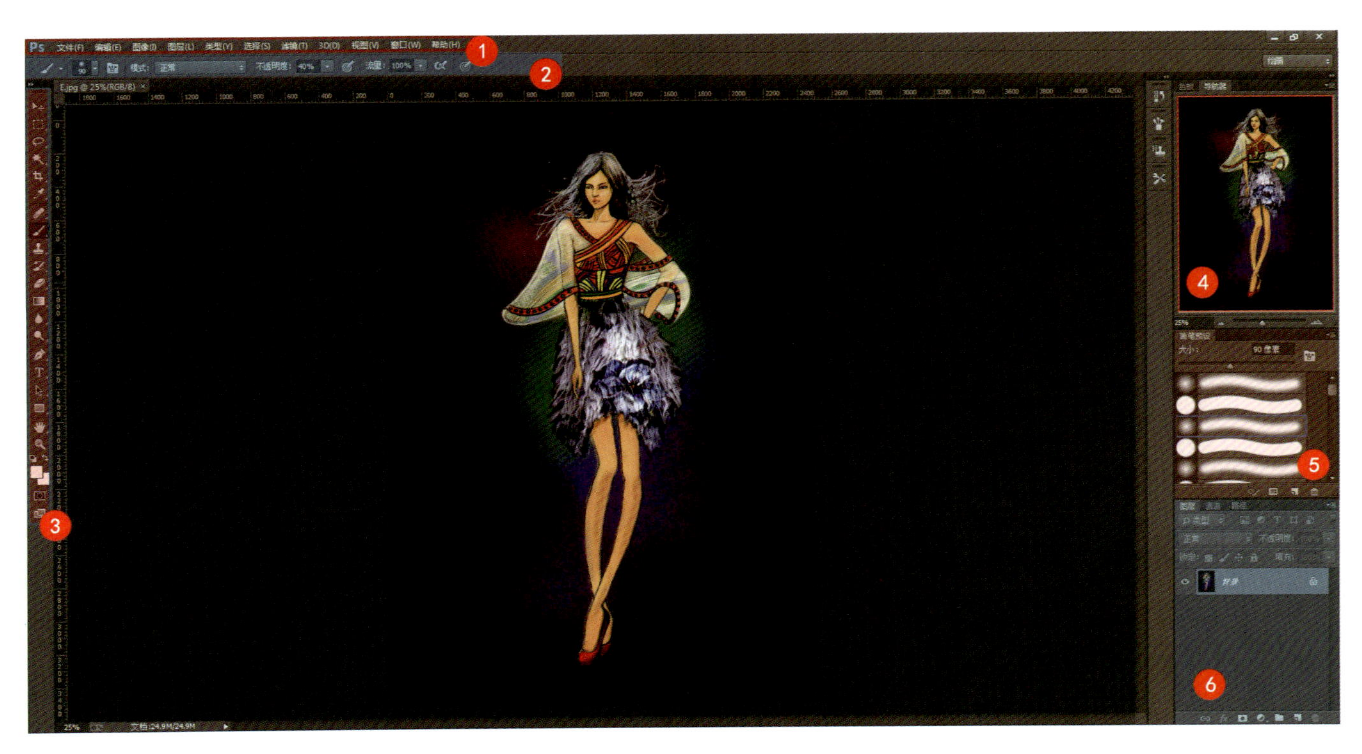

图 2-1

D．放大

E．拖动显示框，以移动视图

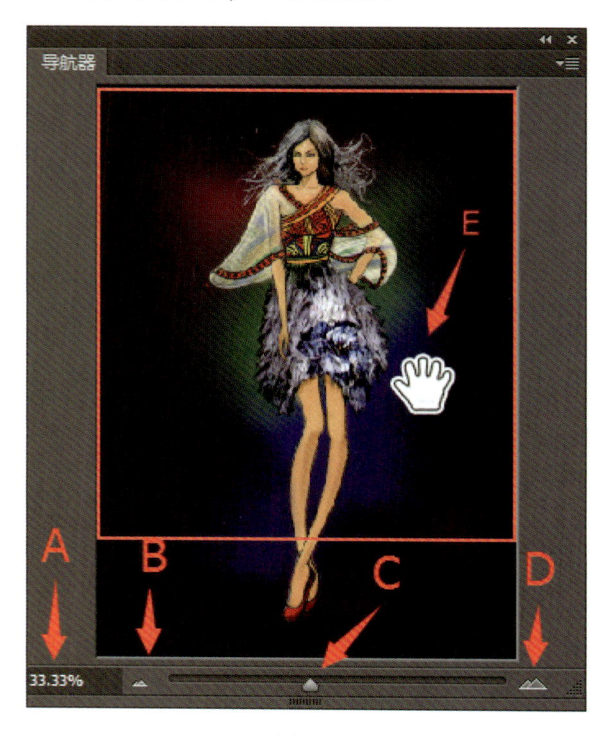

图 2-2

5. 画笔面板

在Photoshop绘画中，画笔是一个比较常用的工具，但要想真正用好画笔工具其实并不容易，主要原因是其属性相当复杂多样，很多人学习PS只是应用画笔的表面功能，实际上画笔的功能非常丰富多样的（图2-3）。

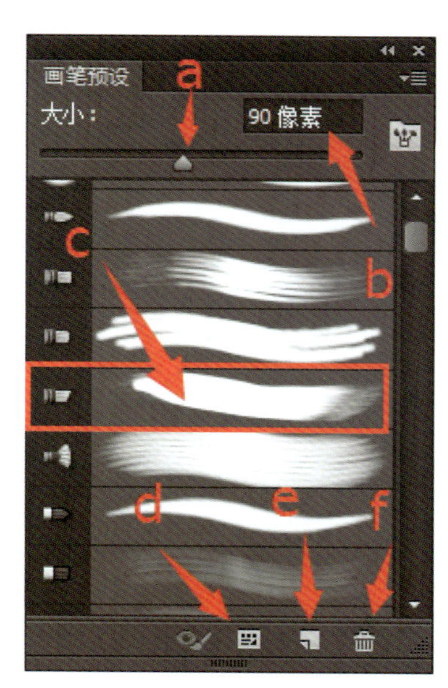

图 2-3

A．调整画笔大小滑块

B．数字调整画笔大小

C．选择画笔

D．打开预设管理

E．创建新画笔

F．删除画笔

6. 图层面板

是自由独立于PS工作空间里面的一个面板。在这个神奇的图层里面，我们可以缩放、更改颜色、设置样式、改变透明度等。一个图层代表了一个单独的元素，可以任意更改之（图2-4）。

图 2-4

最简单的理解，层好比是一张透明的纸或胶卷，层与层之间是叠加的。若上层无任何图像，对当前层无影响；若上层有图像，与当前层重叠的部分，会遮住当前层的图像。

层的类型：背景层、图像层、蒙版层、调整层、填充层、形状层、文字层、图层组。

背景层特点：位于底部，锁定的，不能移动，不能有透明区域，不能添加蒙版和图层样式，决定了图像画布的大小。

二、Photoshop 工具箱介绍

移动工具：最基本的工具，负责移动图像位置、大小。	快捷键：V
形状选区工具：负责建立形状状的选区，可以用来抠图。	快捷键：M
套索工具：就是用手来画路径，跟铅笔差不多。	快捷键：L
魔棒工具：用来抠图。	快捷键：W
裁剪工具：可以将图片切片的工具。	快捷键：C
吸管工具：吸取画面上的颜色，属于经常使用的工具。	快捷键：I
画笔工具：主要绘画工具，很灵活，结合笔刷运用。	快捷键：B
橡皮擦工具：用来擦除不需要的图像部分。	快捷键：E
渐变工具：可以拉出过渡很自然的色彩渐变。	快捷键：G
模糊/锐化/涂抹工具：用来对图像模糊/锐化/涂抹。	快捷键：R
减淡/加深/海绵工具：对图像进行相应的效果。	快捷键：O
钢笔工具：常用工具，鼠绘使用的必备工具。	快捷键：P
文字工具：在图像上创建文字。	快捷键：T
抓手工具：在图像窗口内移动画布。	快捷键：H
放大缩小工具，可以对图像经行放大或者缩小。	快捷键：Z
前景色/背景色：点击设置前景色（画笔的颜色）/背景色。	

三、Photoshop 提高绘画效率技巧

经常看到书上或网上有很多的快捷键。其实很多是用不到的，而有些常用的却没有，这里就把绘画时常用的快捷键总结一下。掌握这些技巧后，使用软件操作时绘画速度将会提高很多倍，给别人感觉也更加专业。

1. 快速复制图层

（1）按住Alt不放移动可复制图层。

（2）一般情况下复制图层是把图层拖到新建的按钮上，其实不用那么麻烦的。直接Ctrl+J即可复制图层，如果只想复制某部分区域，那就用选区工具框选出来，再按Ctrl+J即可复制。

2. 合并图层

经常作完图后，需要把图层全部合并后才能调其他效果，可是想再修改就没有分层了，改起来就比较麻烦了。这里教大家一种方法，即可以合并所有图层，又不影响分层，即按Ctrl+ Shift +Alt+E，盖印图层即可；Ctrl+E，向下合并图层；Ctrl+Shift+E，合并所有可见图层。

3. 移动图像

任何时候按住Ctrl键即可切换为移动工具，可直接拖动图像。

4. 放大或缩小画布

（1）Ctrl+空格键，单击画布放大；空格+Alt，单击画布缩小。注意顺序，不然输入法就会自动切换。

（2）按住Ctrl加“+”或“−”画布放大/缩小。

（3）Ctrl+Alt+［数字键0］可使画面以100%的比例显示大小，或双击放大镜。

（4）Ctrl+［数字键0］，可使画面以最佳屏幕状态显示，或双击抓手工具。

5. 放大缩小图像

Ctrl+T然后按Shift，可正常比例改变图像的大小。

6. 抓手工具

放大画画时，我们要浏览或修改某个局部，按住空格不放，直接移动画布就行了。

7. 吸管工具

画笔状态下按下Alt键，可以临时切换到吸管工具。

8. 快速调整图层层次

绘画时往往需要新建很多图层，有时需要排列顺序，按下Ctrl+］当前的图层往上移动；按下Ctr+［键，当前的图层往下移动。

Ctrl+ Shift+］移至最顶层；Ctrl+ Shift +［移至最底层。

9. 使用画笔工具画直线

按Shift直接移动画笔可画水平/垂直直线；按住Shift点任意两点可在两点间画一条直线。

10. 快速改变对话框中显示的数值

要改变不透明度、流量、强度等，在对话框中显示的数值，先按回车，让光标处在对话框中，然后就可以用上下方向键来改变该数值了。如果在用方向键改变数值前先按下Shift键，那么数值的改变速度会加快（一般以10为步长）。

11. 隐藏工具栏

经常画很大的图时，总感觉显示窗口不够用，这时需要把工具栏隐藏起来。按tab键可以隐藏工具箱和浮动面板；按Shift+Tab 键 可以只隐藏浮动面板，保留工具条可见。

12. 多层选择技巧

（1）按住Shift可同时画出多个选区。

（2）我们需要多层选择时，可以先用选区工具选定文件中的区域，拉制出一个选择虚框；然后按住Alt键，可在里面拉出第二个框；而后按住Shift键，再在第二个框的里面拉出第三个选择框，这样两者轮流使用，即可进行多层选择了。用套索工具可以选择不规则对象。

Tips 以下是一些使用率达80%的基本快捷键，适合初学者：

新建画布：Ctrl+N

新建图层：Ctrl+Shift+N

合并图层：Ctrl+E

填充：Alt+Backspace（Delete）填充前景颜色；Ctrl+Backspace（Delete）填充背景颜色；Shift+Backspace打开填充对话框

撤销：Ctrl+Alt+Z向后撤销，Shift+Ctrl+Z向前撤销

缩放笔刷大小：］放大，［缩小

切换前景背景色：X

恢复黑白前景背景色：D

全选：Ctrl+A

复制粘贴：F2剪贴，F3复制，F4粘贴

取消选区：Ctrl+D

反选：Ctrl+Shift+I或Shift+F7

自由变换：Ctrl+T

显示隐藏选区/参考线/网格：Ctrl+H

去色：Ctrl+Shift+U

画笔预设：F5

重复上一次滤镜：Ctrl+F

剪切图层：Ctrl+Shift+J

色阶：Ctrl+L

色彩平衡：Ctrl+B

曲线：Ctrl+M

色相饱和度：Ctrl+U

标尺：Ctrl+R

渐隐：Ctrl+Shift+F

再制：Ctrl+Shift+Alt+T

保存：Ctrl+ S

另保存：Ctrl+Shift+ S

复制并生成新图层：Ctrl+J

四、Photoshop 画笔详细介绍

Photoshop中画笔笔刷是一个很重要的知识点，可以说是绘画的核心工具。要想真正用好画笔工具其实并不容易，主要原因是其属性相当复杂多样，很多人学习PS只是应用画笔的表面功能，实际上画笔的功能非常丰富。接下来讲解一下笔刷的基础入门知识。

（1）首先，先建文档（图2-5），打开PS→文件→新建，命名“画笔”，预设“默认Photoshop大小”，点击“确定”（图2-6）。

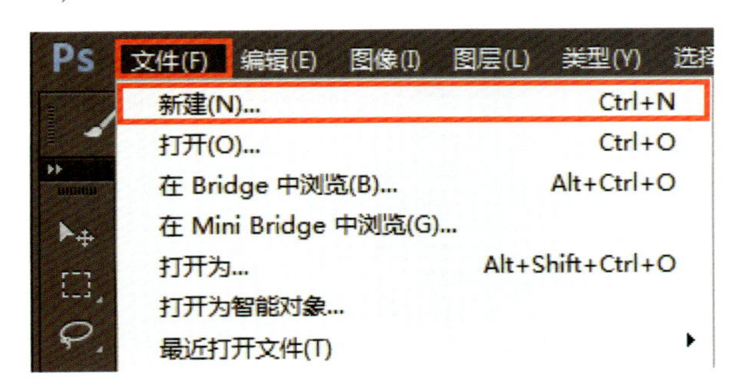

图 2-5

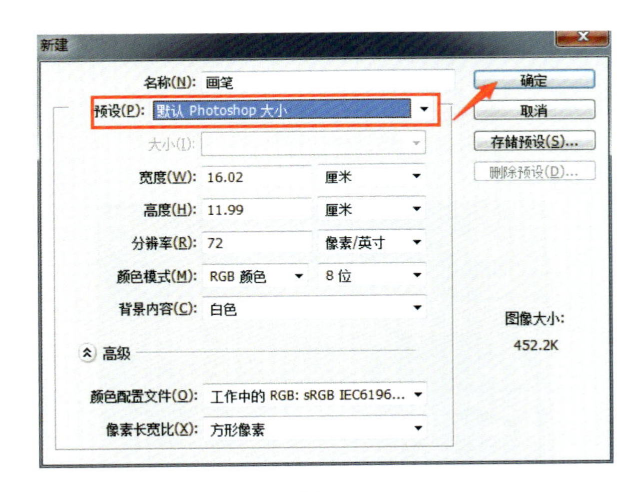

图 2-6

（2）选择工具箱→画笔工具，点击属性栏（图2-7）。

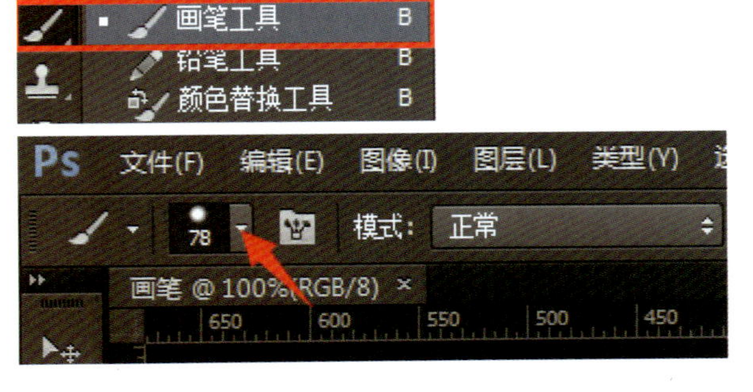

图 2-7

（3）在画笔预设中调整画笔的大小、硬度、刷式（笔刷形状）等（图2-8）。

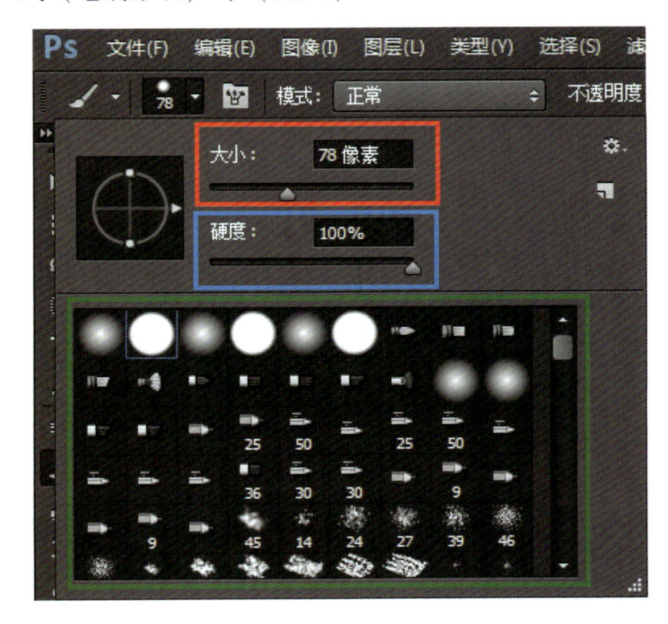

图 2-8

（4）可能有人会觉得奇怪，为什么别人的笔刷好丰富？诸如炫光、星云、水彩、图腾……这种笔刷怎么来的呢？怎么安装在自己的Photoshop里面呢？其实网上有非常多的，只要搜一下PS相应的笔刷就有很多可以下载的。

下面讲怎么安装笔刷：

如图2-9所示，在画笔预设的右上角，找到那个齿轮形状的按钮，点击进去找到载入画笔，然后选择下载好的笔刷即可。

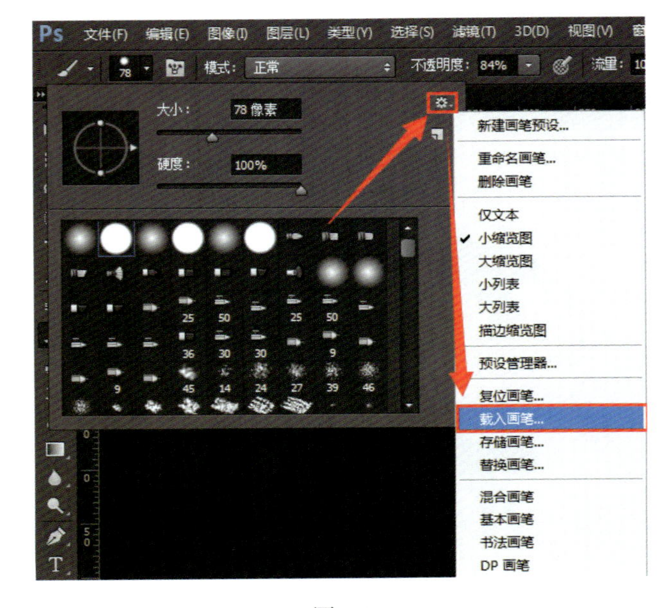

图 2-9

（5）在使用画笔的时候，根据绘画需要，调整画笔的大小和硬度（图2-10）。

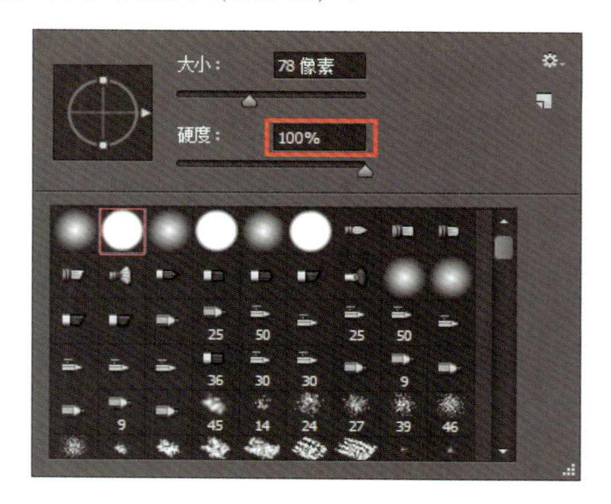

图 2-10

（6）当硬度为100%的时候，画出来的笔刷边沿是实的（图2-11）。

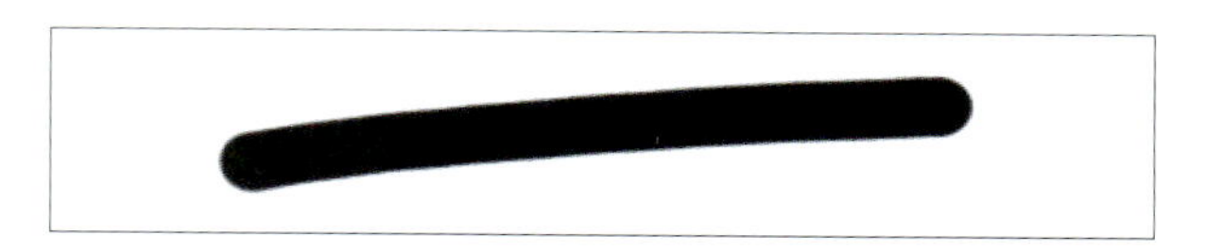

图 2-11

（7）当硬度为0的时候，画出来的笔刷边沿是虚的。这样就很容易看出来边沿的虚实关系（图2-12）。

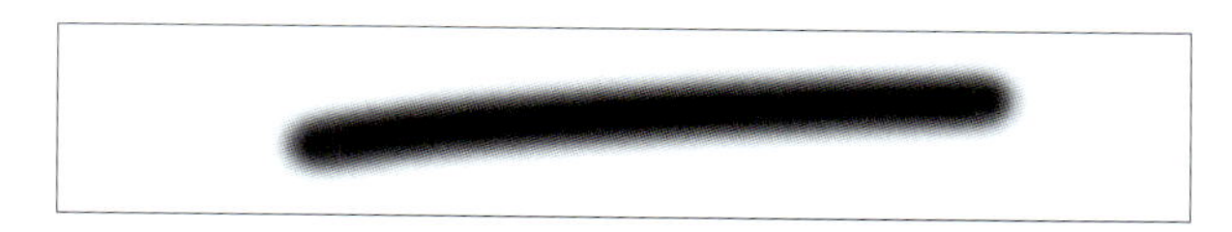

图 2-12

（8）接下来，看一下笔刷透明度的属性，以蓝色画笔为准，当不透明度为100%的时候（图2-13）。

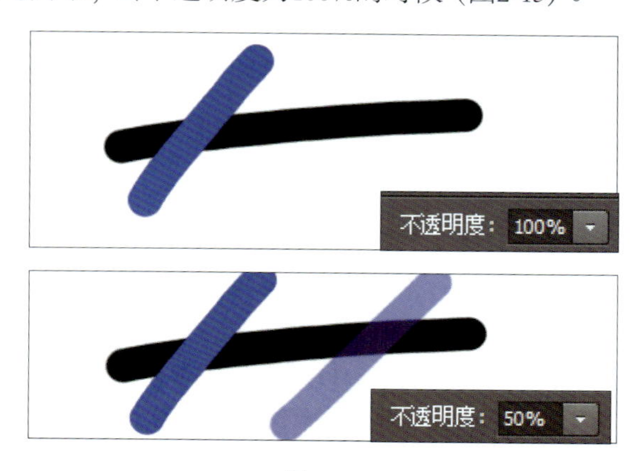

图 2-13

（9）这样就很容易理解，不透明度就是一个透不透的属性，透明度越低，覆盖能力越弱；反之，则越强。

（10）打开窗口→画笔，接下来讲解一下画笔更高级的属性（图2-14）。

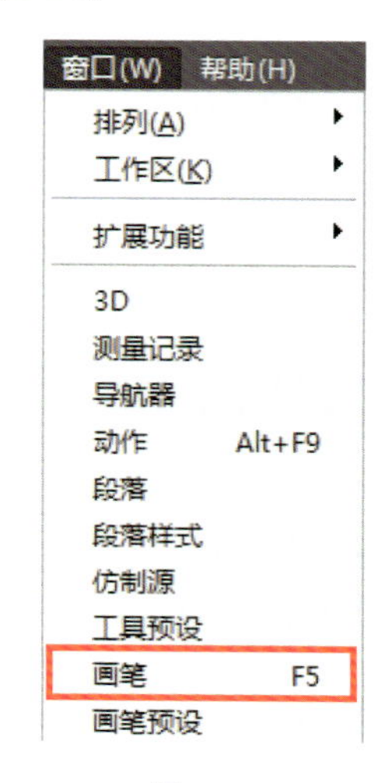

图 2-14

注意：这里一定要用到手绘板，鼠标是体现不出效果的。

（11）首先了解一下画笔面板——形状动态（图2-15）。

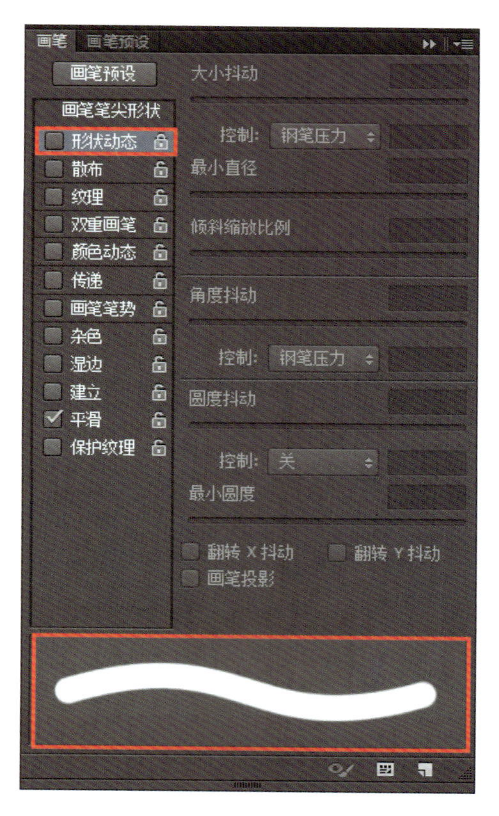

图 2-15

（12）没勾选形状动态画出来的效果（图2-16）。

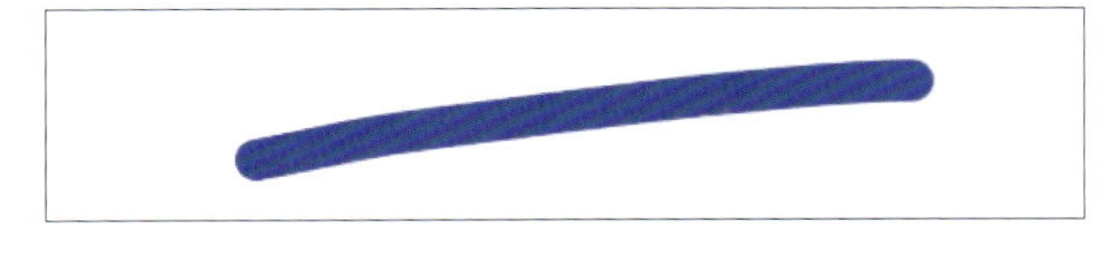

图 2-16

（13）勾选形状动态，形状动态面板中的选项决定画笔笔迹的随机变化，可使画笔粗细、角度、圆度等呈现动态变化，控制属性改为—钢笔压力。再看一下画出来的效果，如图2-17所示。

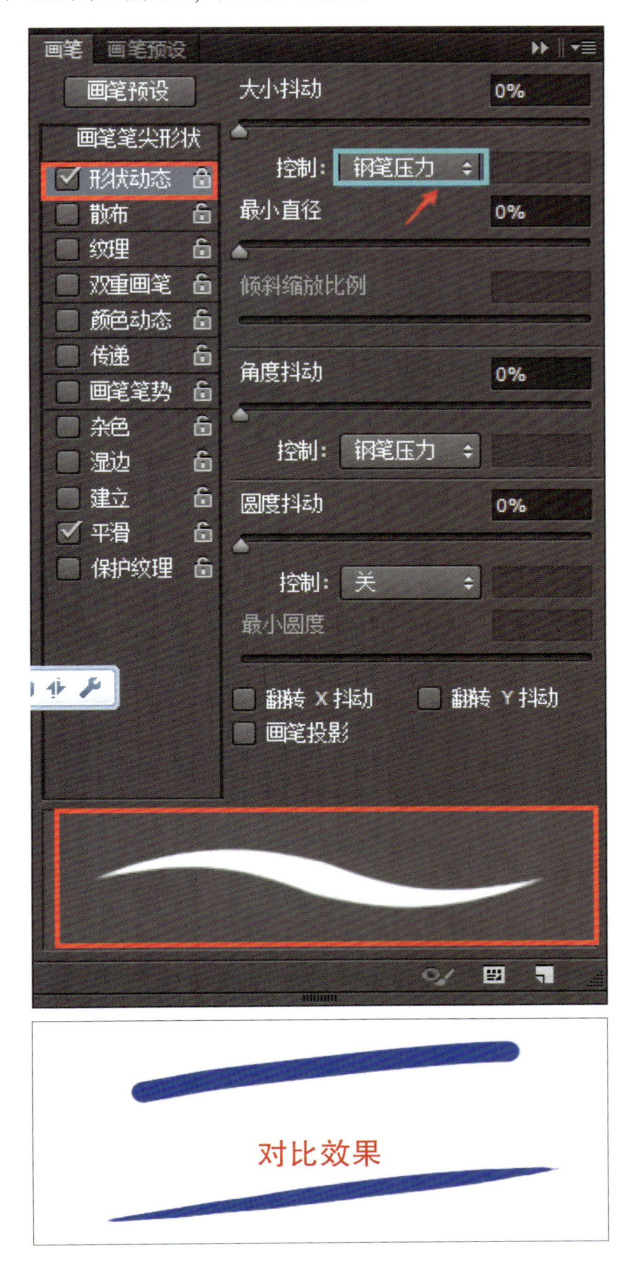

图 2-17

（14）效果很明显，根据手绘笔的施力大小，画出粗细不同的变化，这就是手绘板和鼠标最大的区别——压感（图2-17）。

①大小抖动和控制：指定画笔在绘制线条的过程中，笔迹大小的动态变化。

最小直径：设定在画笔抖动的过程中，画笔直径可以缩放的最小尺寸。

倾斜缩放比例：仅对“钢笔斜度”控制有效，用于定义画笔倾斜的比例。

②角度抖动和控制：指定画笔在绘制线条的过程中，笔迹倾斜角度的动态变化（图2-18）。

③圆度抖动和控制 ：指定画笔在绘制线条的过程中，笔迹圆度的动态变。

最小圆度：设定在画笔抖动的过程中，画笔直径可以缩放的最小圆度。

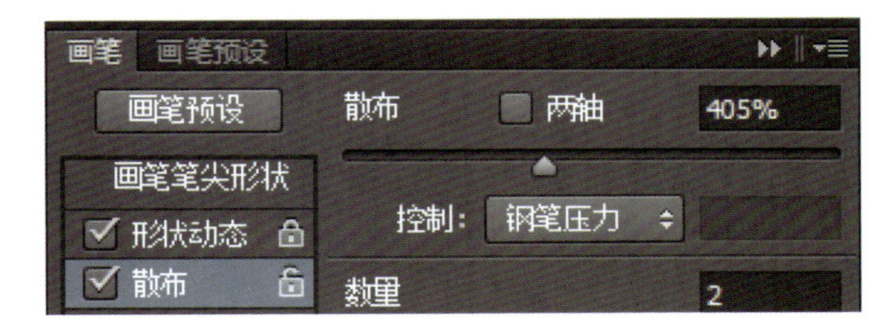

图 2-18

（15）勾选“散布”，指定画笔在绘制线条的过程中，笔迹的分散程度。同样是钢笔压力，数值越大，散得越开，这种效果可以制作一些特殊的效果，例如树叶、雪花等（图2-19、图2-20）。

图 2-19

①散布和控制：指定画笔在绘制线条的过程中，笔迹的分散程度。

②数量：指定画笔在绘制线条的过程中，分散色点的数量。

③数量抖动和控制：指定画笔在绘制线条的过程中，笔迹散布的数量动态变化。

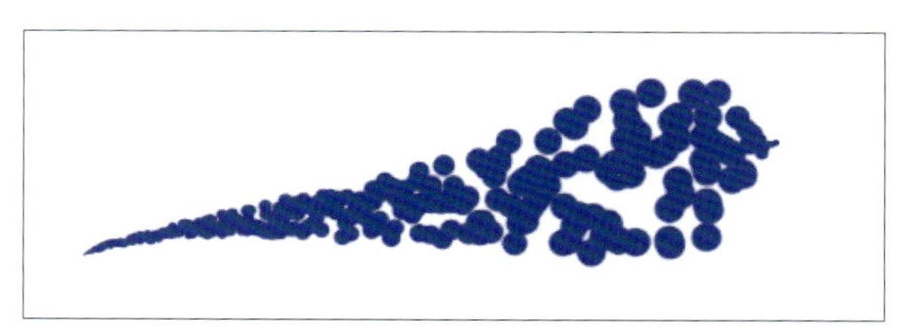

图 2-20

（16）纹理——使画笔绘制出的线条中包含图案预设窗口中的各种纹理，使画笔画出来的叠加有纹理图案的效果，纹理有多种选择（图2-21）。

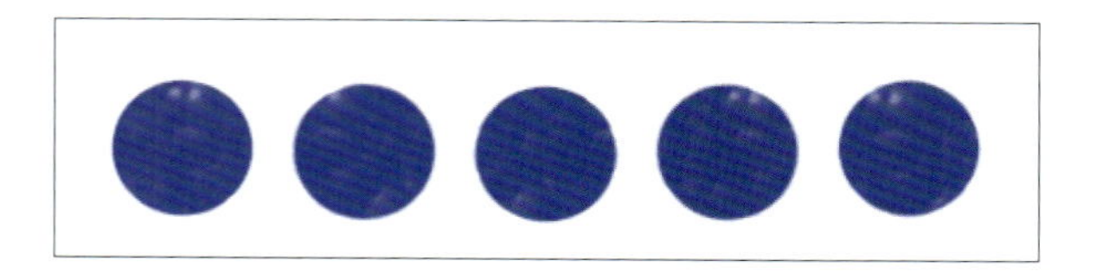

图 2-21

（17）双重画笔——使两个画笔叠加混合在一起绘制线条。在画笔调板的“画笔笔尖形状”面板中设置主画笔，在“双重画笔”面板中选择并设置第二个画笔，第二个画笔被应用在主画笔中，绘制时使用两个画笔的交叉区域，使其产生更丰富的效果（图2-22）。

图 2-22

（18）颜色动态——可以让绘制出的线条的颜色、色相、饱和度、亮度和纯度等产生变化。这个选项的作用是将颜色在前景色和背景色之间变换，默认的背景是白色，这里选用蓝色前景色和绿色的背景色。

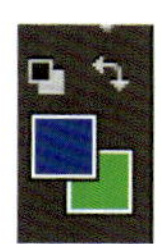

单击前景颜色面板可以设置选取想要的颜色，背景颜色，同理（图2-23）。

图 2-23

（19）传递——通过设置，可以控制画笔随机的不透明度，还可设置随机的颜色流量，从而绘制出自然的若隐若现的笔触效果，使画面更加灵动、通透（图2-24）。

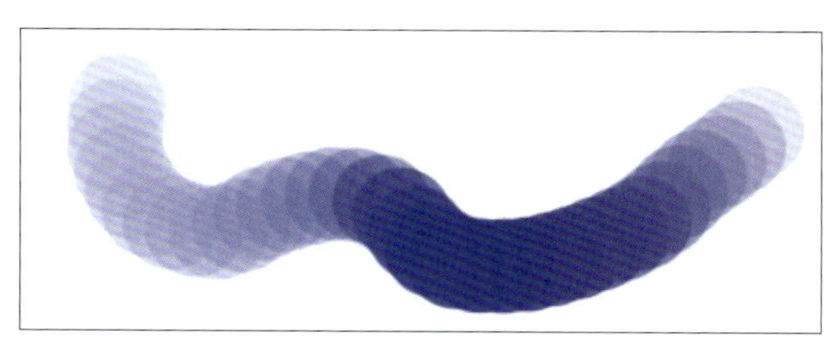

图 2-24

（20）在画笔调板中还有其他5个选项，这些选项没有相应的数据控制，只需用鼠标单击名称前的方框将其勾选即可使用效果，试着使用一遍就知道效果了（图2-25）。

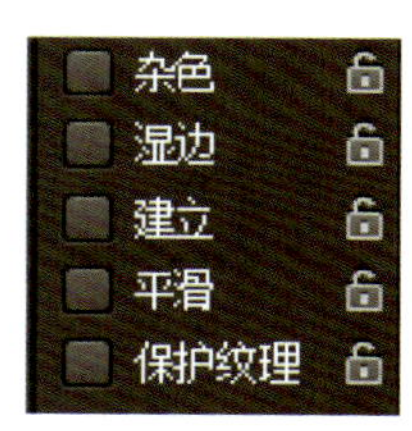

图 2-25

①杂色：在画笔上添加杂点，从而制作出粗糙的画笔，对软边画笔尤其有效。

②湿边：使画笔产生水笔效果。

③喷枪：与画笔工具选项栏中喷枪功能相同。

④平滑：使画笔绘制出的曲线更流畅。

⑤保护纹理：使所有使用纹理的画笔使用相同的纹理图案和缩放比例。

Tips

（1）电脑不是万能的，手绘功夫仍是必备的。

（2）先临摹后创作，灵活运用网络查找资料。

（3）除了常常练习绘画，绝无二法。

（4）绘制流程依个人习惯喜好而定。

第二节 Photoshop 实操案例 1

步骤一

步骤二

步骤三

步骤四

步骤五

图 2-26

在这个案例中，我们将模拟现实中的水彩湿画法的效果（图2-26）。据了解，现实中水彩的湿画法水分非常不好掌握，水分的流动性更是不可准确预知，没有一年半载的练习，很难达到对画面掌控自如。现在可以利用数字绘画短时间的来达到水彩的效果。

（1）打开文件，新建文档210mm×297mm，考虑到要输出打印，分辨率设置300，CMYK模式。如果只是在PC端显示，建议设置72分辨率，RGB模式（图2-27）。

（2）打开画笔预设面板→载入画笔→选择水彩画笔→完成（图2-28）。

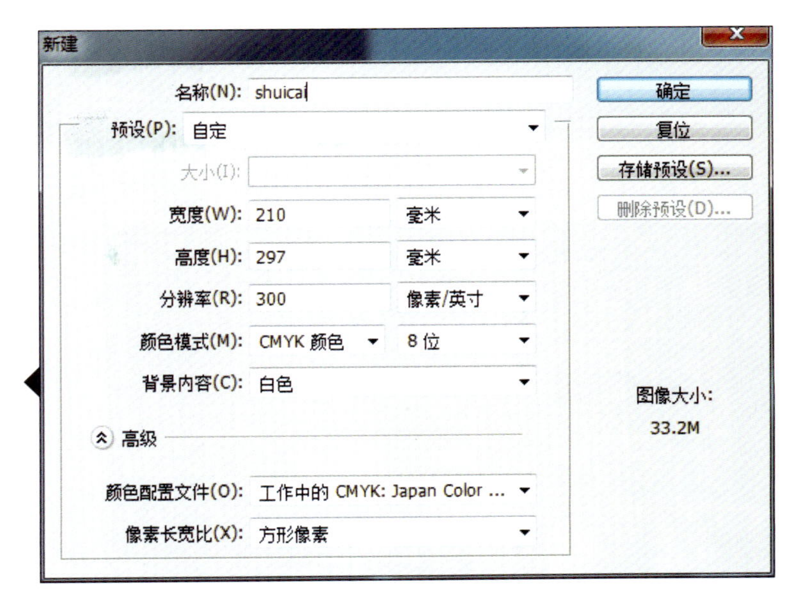

图 2-27

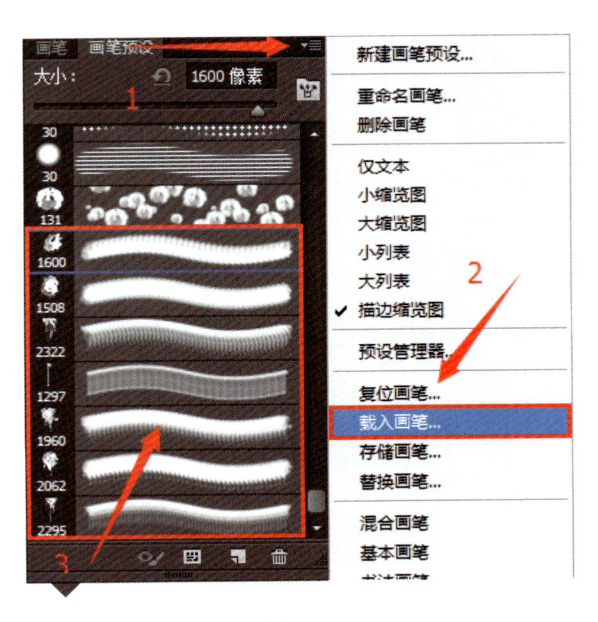

图 2-28

（3）尽可能地收集大量的参考图片，当你手上有了足够的参考资料后，填充底色，颜色值（C47；M17；Y26；K0；），再新建一图层，命名为“线稿”。简单的构图，使用黑色画笔，调整画笔大小2～3个像素，画出大致要表达的人物动态，五官位置，服饰线稿（图2-29）。

图 2-29

图 2-30

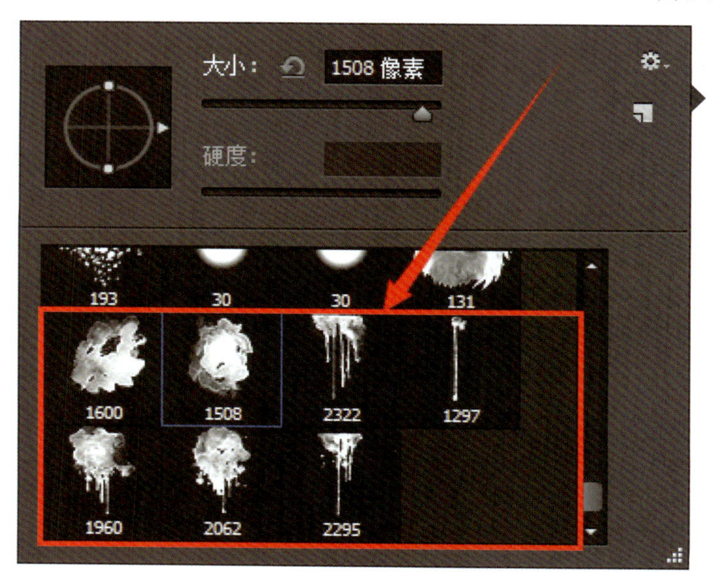

图 2-31

（4）新建一图层，命名为“基础色”，把图层移到“线稿”图层底下，这样做是为了保持线稿的清晰，而不被上色的时候给覆盖。选择水彩画笔笔刷，调整不透明度在50%左右（图2-30），流量50%，主要的作用是在其绘画的时候产生一种透明的叠加效果，这种手法主要还是来源于细心观察生活中的水彩应用效果，多多思考，怎么把视觉艺术效果用技术的手段来表现。请记住，电脑时装画首先是一种技术，之后才是一种艺术（图2-31）。

图 2-32

图 2-33

（5）确定一个光源，光源定在左上方。这张画面用色有一个诀窍，暗部（有投影的地方）用冷色系的颜色，让暗部偏冷；亮部采用暖色系的颜色，让亮部偏暖，使画面产生颜色上的对比。中间调就用两者颜色过渡。每画一笔都要反复斟酌，大多数还是靠感觉来下笔，不满意后退一步（快捷键Ctrl+Z），或者换个笔刷在试一试，直到满意为止，画画是一个漫长的过程，不要急于求成，试着慢慢去享受绘画过程中的乐趣。想想，当一幅作品在自己双手中创作出来，是多么有成就感的一件事（图2-32、图2-33）。

（6）再新建一图层，并命名“裙子底色”，把图层移到“基础色”图层底下，这样做是为了不破坏原来的笔触（图2-34）。到了这一步，主要在修饰画面中空白的地方，用到的画笔是PS自带的平涂笔刷。同样的，还是需要调整不透明度在50%左右，流量50%左右，反复平涂，颜色不要用纯黑，要带点冷色系的颜色（图2-35）。

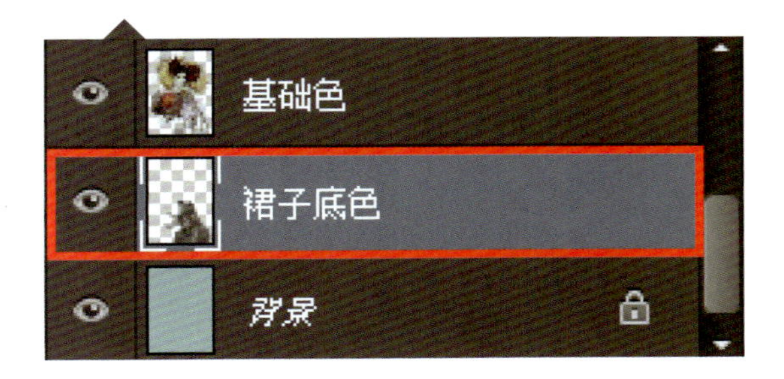

图 2-34

图 2-35

（7）新建图层，并命名为“五官深入”，放大脸部（快捷键Ctrl+ +），深入描绘五官的细节（图2-36）。

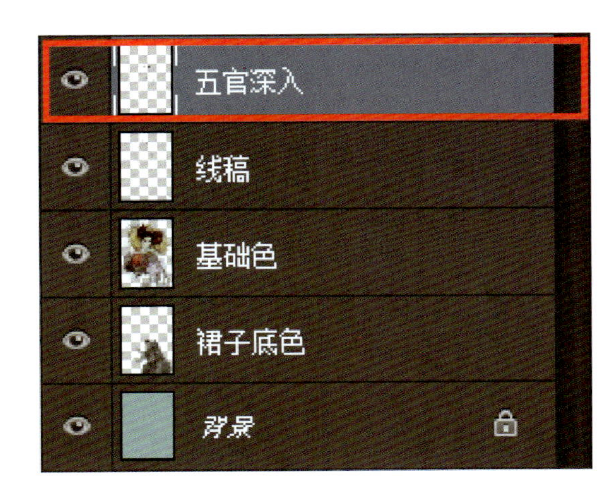

图 2-36

图 2-37

（8）最后是画面点睛之笔。新建图层，命名“点缀色”，为画面点缀色彩，使画面不会太单调，而且笔刷的不透明度为100%，流量也是百分之百，用到的色彩饱和度（纯度）都是比较高的，起到画龙点睛的效果，在稍微修饰一下手臂，完成（图2-37）。

（9）我们来看一下最后都为画面添加哪些点缀色（图2-38）。

（10）现在，看一下最后完成的操作界面展示效果图（图2-39）。

图 2-38

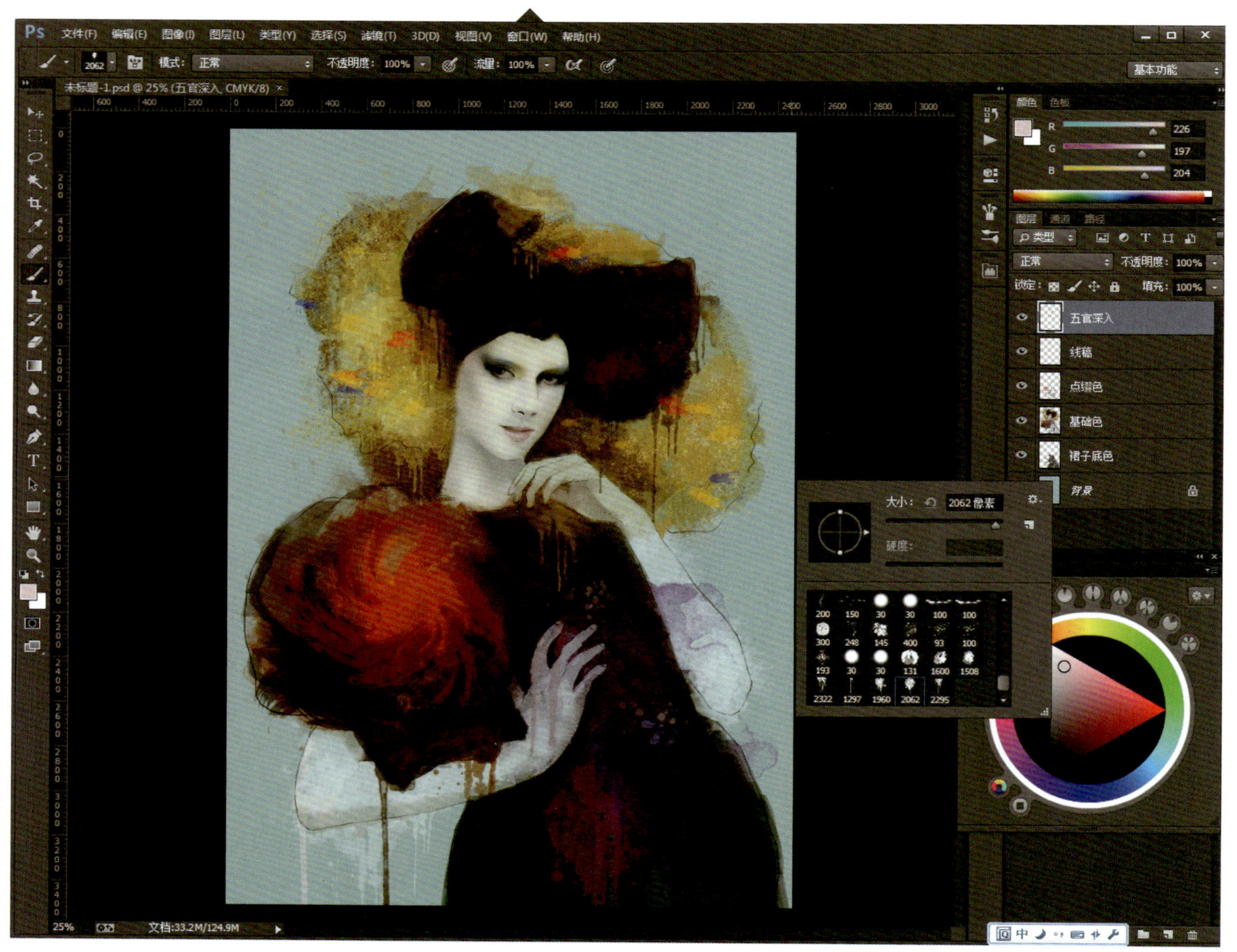

图 2-39

第三节 Photoshop 实操案例 2

图 2-40

图 2-41

在这个案例中，主要是运用毛发笔刷，结合图层混合模式，绘制人物头像，通过一层层深入刻画，将人物的头发和饰物细节生动表现出来，同时注重画面的明暗关系，突出整体的画面感（图2-40）。

（1）打开PS，新建图层210mm×297mm，300分辨率文档，填充底色，再新建一层，命名为“线稿”，使用简单的白色画笔，调整画笔大小2～3个像素，画出大致想要表达的线稿（可以适当地调一下画笔透明度）（图2-41）。

图 2-43

图 2-42

（2）新建图层，命名为“明暗”，确定主光源，画出大概的明暗关系，为了避免有锐利的线条，调整了笔刷的透明度（图2-42）。

图 2-44

（3）再新建图层，命名为“深入”，使用组合快捷键放大/缩小（快捷键Ctrl+ +/-）方便随时查看画面整体效果和深入细节，具体深入一下脸部的五官，用块面画出头发大致的走势，注意整体的画面感，而不是只关注它某些孤立的细节（图2-43）。

（4）新建图层，保持这些图层的独立是个好习惯，以便于整个过程可以随时调整（图2-44）。

图 2-45

（5）继续深入画面，手的细节和花朵。到这里使用的都是黑白画法，这种方法相对比较简单，前期不用考虑画面的色相、饱和度，只注重素描关系，后期再叠色上去，这也是CG绘画的一个好处（图2-45）。

图 2-48

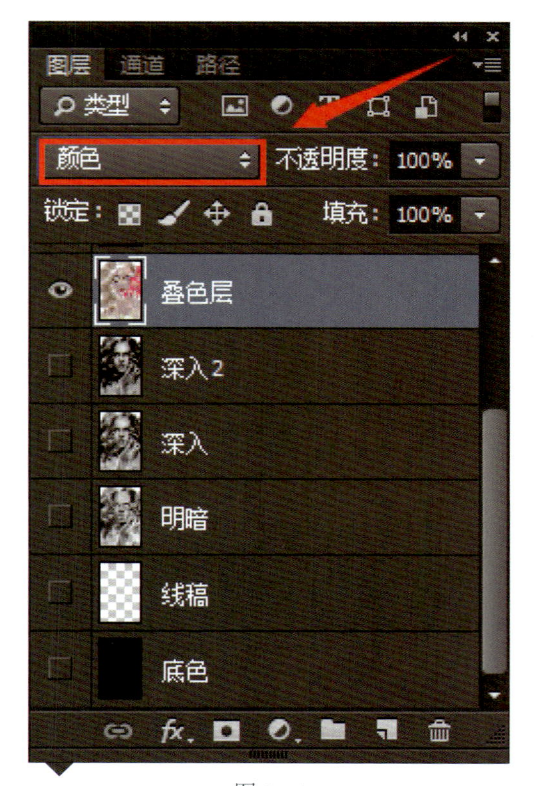

图 2-46

（6）新建图层，命名为“叠色层”，用【颜色】模式把颜色叠加上去（图2-46）。

图 2-47

（7）单独把图层拿出来看，这个图层是这样的画面，确实是很难看，但是整张画面的色调就是由这张画面的色彩决定的。原理是这样的，输出图像的亮度为下层，色调和饱和度保持为本图层（图2-47）。

（8）运用此方法，可以做到事半功倍的效率，色感不好的人，强烈建议使用该方法。接下来把画面中皮肤、嘴唇、眼睛、头发以及花朵基本的色相和饱和度给叠加上去，然而这种方法只能叠加到90%的效果，具体的一些细节还需要后面去完善（图2-48）。

（9）盖印图层（快捷键Ctrl + Alt + Shift + E），计算机会自动将所有图层之前的图层合并在一个新的图层，开始绘制这个阶段，主要处理头发的光影体积颜色和花朵形状。处理头发可能是一个很多人都会头疼的问题，关键问题还是在于太纠结于发丝质感的表现，而忽略了光影体积颜色，如果先将光影体积颜色处理好，绘制头发的质感将是一个很简单的技法，这里用的是Blur's good brush 4.5笔刷里面的毛发笔刷（图2-49）。

图 2-49

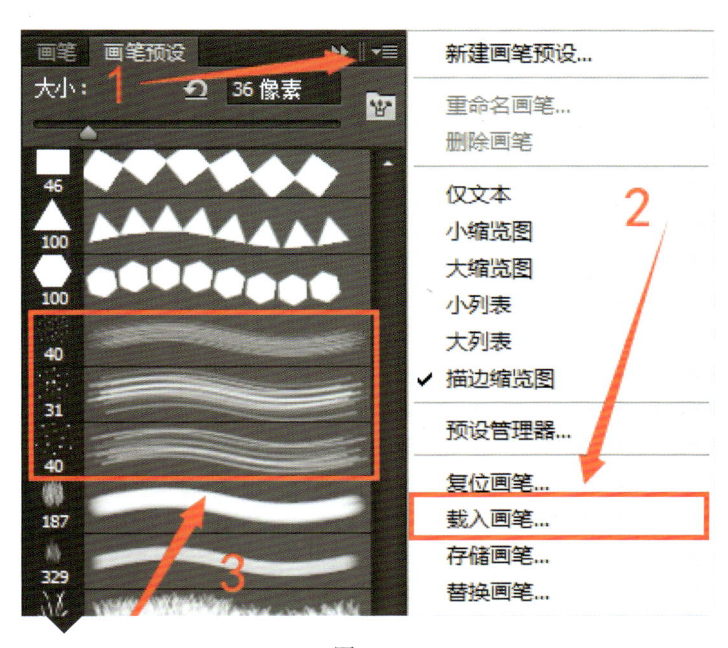

图 2-50

（10）载入Blur's good brush 4.5画笔，找到毛发笔刷（图2-50）。

图 2-51

（11）最后是画面质感的表现，利用毛发笔刷，取较亮一点的颜色，调整笔刷不透明度在50%左右，头发受光面上绘制，较边缘处调小笔刷和调大透明度，在边缘处绘制比较实一点的发丝，做到前实后虚的光影关系，在其他边缘处随便绘制几条凌乱的线条，使其画面效果更逼真。接下来就是皮肤质感的表现了，同样使用的是皮肤笔刷，调整笔刷不透明度在50%左右，按住Alt在画面上取色，在周围绘制，在皮肤上的亮面处，使用此方式反复绘制完成（图2-51）。

第四节 Photoshop

实操案例 3

步骤一

步骤二

步骤三

步骤四

步骤五

图 2-52

在这个案例中，将着重讲解材质的刻画，其中会用到一些快速表现各种服装面料质感的技巧（图2-52）。

（1）打开文件，先建文档210mm×297mm，考虑到要输出打印，分辨率设置300，CMYK模式。如果只是在PC端显示，建议设置72分辨率，RGB模式。首先，开始分析材质的特点。毛皮材质较为柔软，明暗对比较为弱，表面较为光滑，颜色变化多端。要注意的是，一开始绝对不能一根根画，要把毛皮分块概括，后期顺着毛皮走势挑几根出来，这样效果才会好，不然很容易画花掉（图2-53）。

图 2-53

（2）分析亚麻材质。亚麻材质表面不像化纤和棉布那样平滑，表面没有很强的高光，也没有很强的反射，具有生动的凹凸纹理，所以着重表现凹凸纹理。先把光影体积表现出来，后期通过交叉排线来实现纹理（图2-54）。

图 2-54

（3）分析皮革（漆皮）材质。漆皮是一种加工工艺，指在真皮或者PU皮等材料上淋漆，其特点是色泽光亮、自然，防水、防潮，不易变形，容易清洁打理等特点。只要抓住要点就可以了，色泽光亮就是饱和度较高，有着很强的高光（图2-55）。

图 2-55

（4）分析金属材质。金属材质是硬度相对比较高的，表面相对光滑，明暗对比强烈，容易受周围的环境色反射影响。高光是质感体现很重要的环节，且是最亮的地方，但往往很容易范一种错误，就是高光面积很大。需要记住的一点就是，高光会有，且范围较小不会大面积出现（图2-56）。

图 2-56

（5）新建图层，开始绘制这个阶段，主要是用剪影法起稿，用套索工具（快捷键L），整体概括一下边缘和外轮廓，填充大概的固有色（图2-57）。

图 2-57

（6）新建图层，图层模式改为明度，这样的好处是在图层上画明暗关系不会破坏到底图层的固有色，同时需要创建图层蒙版，只需在图层上右击，就会出现菜单创建图层蒙版（图2-58）。

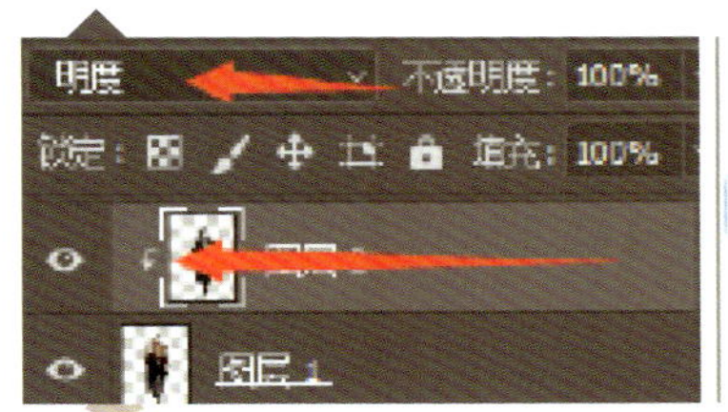

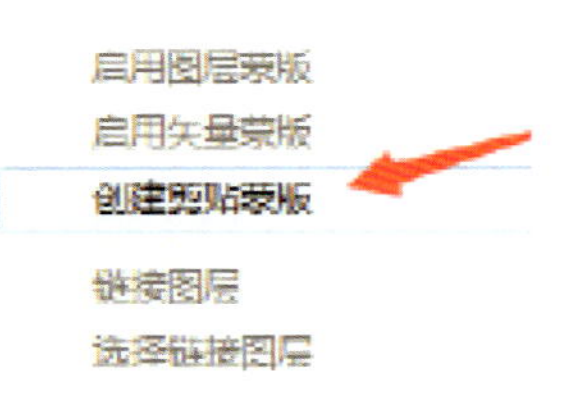

图 2-58

（7）其实，剪贴蒙版的原理很简单：剪贴蒙版需要两层图层，下面一层相当于底板，上面相当于内容，可以使用上面图层的内容来蒙盖它下面的图层。底部或基底图层的透明像素蒙盖它上面的图层（属于剪贴蒙版）的内容。下层底板是什么形状，剪贴出来的效果就是什么形状的。例如：

新建一个红色形状图层（图2-59）。

图 2-59

再新建一个图层，随意画几笔绿色（图2-60）。

图 2-60

创建剪切蒙版，效果很明显（图2-61）。

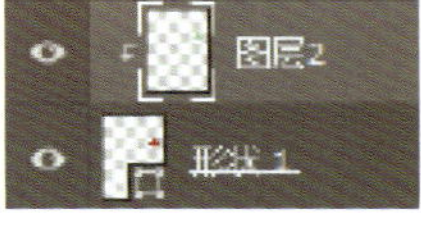

图 2-61

（8）新建图层，图层模式改为叠加，这时需要加强明暗对比，还需要加入一些颜色，单一的颜色对比不够丰富，也显得比较假。取色需要一点色相偏移，只需要吸原本的颜色，然后在色环上移动一点色相，完成偏移，丰富画面颜色（图2-62）。

图 2-62

（9）新建图层，继续深入，值得一提的是，正常的光线下，亮部的颜色相对暗部都会比较灰偏冷一点，暗部颜色饱和度比较高。这样深入的时候就比较有目的性，这步除了区分固有色，还得在亮部画点相对暗部灰一点冷一点的颜色（图2-63）。

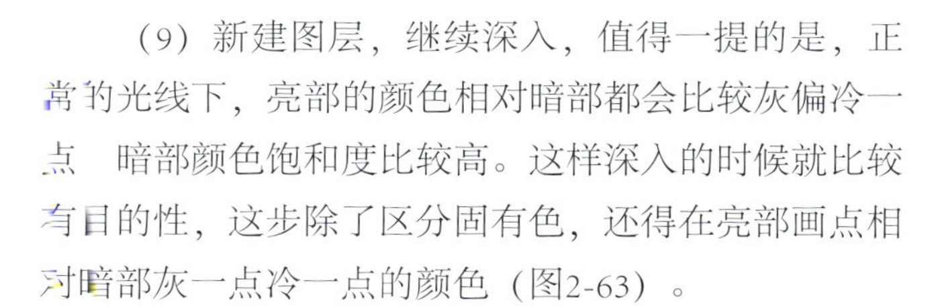

图 2-63

（10）现在可以缩小笔刷，顺着毛发的走势排线，只要在明暗交界的地方刷上几笔，毛发的质感很快就出现。在刻画的时候只要保持明度色相变化不要太大就可以了，避免破坏整体的效果，这步只要画出质感就可行了（图2-64）。

图 2-64

（11）最后的深入，越往下刻画，笔刷就要调得越小，这也是深入刻画的一种技巧，很实用，细节感比较强。这里还有一种技巧，适当地用滤镜锐化一下，可以提高精细度。这就是刻画毛皮面料的过程，加上背景，刻画完成（图2-65）。

图 2-65

(12) 同样的，上衣是亚麻材质，也是先从剪影开始平涂固有色（图2-66）。

图 2-66

(13) 在上一个明度图层继续深入，也是画明暗关系，但是这个为了表现材质，一开始就用带纹理的笔刷去画，笔刷放大一点，这样能更好地表现材质（图2-67）。

300 高速大笔刷 - 2

图 2-67

(14) 继续深入明暗关系，不要放大画布，放松随意一点，直接在上面排线画肌理效果，加强明暗对比，这样能更好地表现材质（图2-68）。

图 2-68

(15) 缩小笔刷，重复上一步骤，这种材质的高光很弱，注意色相的推移。最后刻画完成（图2-69）。

图 2-69

(16) 为什么一直强调色相推移？这里着重讲解一下：色相偏移是色彩变化的重要规律，它是客观存在的，掌握这一规律画面才会自然耐看，更接近自然。色彩的三大要素由色相、纯度、明度，也是基础构成。色相推移主要是讲色相这一属性的运用。色相是指色彩的相貌，是色彩最显著的特征，是不同波长的色彩被感觉的结果。光谱上的红、橙、黄、绿、青、蓝、紫就是七种不同的基本色相。

（17）在拾色器面板上，箭头1的位置示意明度变化，箭头2的位置示意纯度变化，箭头3的位置示意色相变化。主要讲解色相变化（图2-70）。

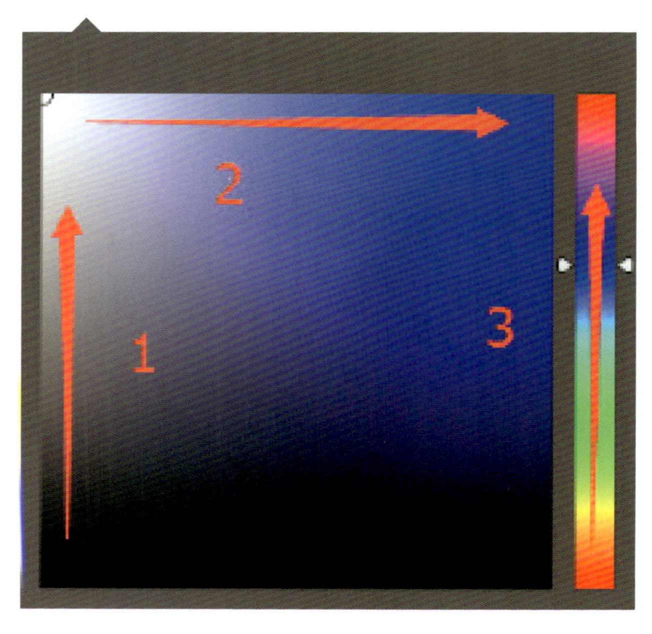

图 2-70

（18）首先选取颜色，且当固有色。一般画亮部，相信很多人都是直接往上取色（图2-71、图2-72）。

图 2-71

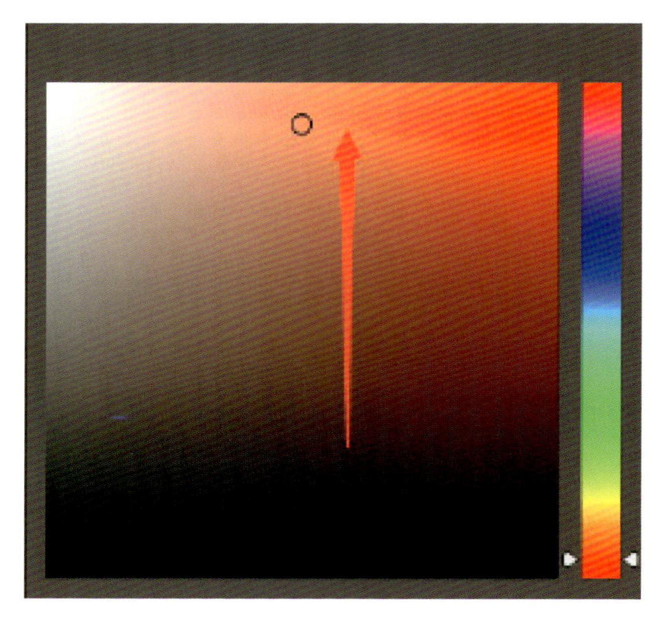

图 2-72

（19）色相没变化，这样画出的来的东西很像单色素描，不像是色彩。其实只要一个小动作就可以让画面变得自然丰富起来，这就是小小的推动色相位移。在位移前得知道往上是偏暖色，往下是偏冷色。如果画的是在自然光下亮部就会偏冷色一点，只需把色相往下移一点点，就完成色相推移的要点，接下来就可以继续刻画细节（图2-73）。

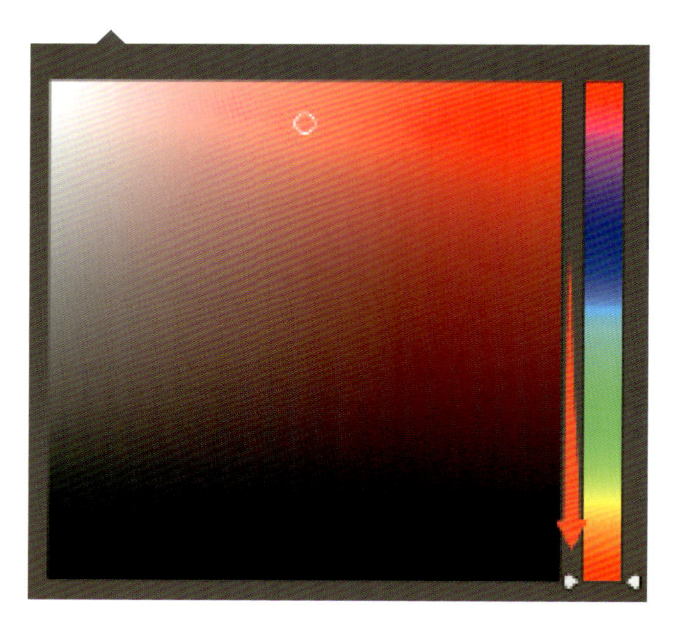

图 2-73

(20) 接下来看一下皮革（漆皮）材质的画法，还是先从大的外轮廓开始起稿（图2-74）。

图 2-74

(21) 因为一开始用的底色较深，直接铺上固有色，这样就有大概的明暗关系，漆皮的特点是色泽光亮，所以饱和度较高，高光较亮（图2-75）。

图 2-75

(22) 开始刻画出里面的造型，直接取暗部的颜色画出漆皮的样式，银色包边取较亮的颜色勾勒出来，然后就可以一点点往亮面刻画，亮面的细节是最多的，暗部细节相对少点，这样可以跟亮部形成对比。要明白一个道理，画画是在画关系而不是在画东西，有对比关系的画面才会好看（图2-76）。

图 2-76

(23) 从前面的材质分析特点，画亮的部分，不仅明度要高，纯度也要取饱和度高一点。高光直接取白色，画笔选带有不透明度的笔刷，画出一点虚实变化，这样可以透出下面的底色，增强对比（图2-77）。

40 good画笔 - 3

笔刷选用good画笔-3就可以了。

图 2-77

（24）最后刻画完成，别看大图笔触挺多的，放到正常大小看起来，精细度还是蛮高的，这也是电脑绘画的一个好处（图2-78）。

图 2-78

（25）再讲一个知识点，即形式美法则。形式美法则是人类在创造美的形式、美的过程中对美的形式规律的经验总结和抽象概括。主要包括：对称均衡、单纯齐一、调和对比、比例、节奏韵律和多样统一。总结一点：其实法则里面的内容就是在讲对比，在绘画的过程中也可以运用对比的关系使画面更趋向美。前面所讲的知识点也是在做对比关系（图2-79）。

Photoshop时装插画欣赏如图2-80～图2-90所示。

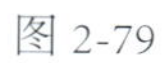

图 2-79

第五节 Photoshop

时装画欣赏

图 2-80

图 2-81

图 2-82

图 2-83

图 2-84

图 2-85

图 2-86

图 2-87

图 2-88

图 2-89

第三章
SAI

第一节 SAI绘画的基本操作

其实SAI本身并没有像Photoshop那样复杂的功能，更多的只是将一些基本的绘画功能强化了，因此SAI的界面也并不复杂，只要是有点Photoshop基础的，了解“图层”“滤镜”等基本操作就能轻易地上手（图3-1）。

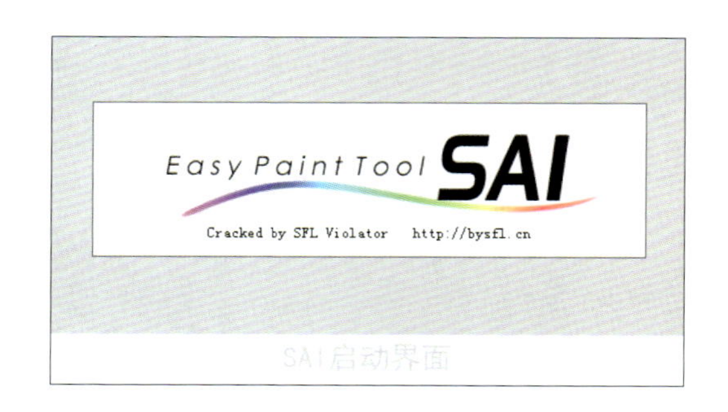

图 3-1

一、SAI主界面介绍

SAI的界面非常的干净，可以按照功能分为7个部分：菜单区、导航区、颜色区、图层面板、工具面板、绘图区、快捷工具栏（图3-2）。

1. 菜单区

在这里可以使用如“文件”“编辑”“图层”“窗口”等，包含了操作时要使用的所有命令。要使用菜单中的命令，要使用菜单中的命令，只需将鼠标光标指向菜单中的某项并单击，此时将显示相应的下拉菜单,在下拉菜单中上下移动鼠标进行选择，即可执行此命令。这里是统管SAI的基础操作。

2. 导航器

这里会显示目前浏览图片缩略图，而当扩大画布的时候，可以通过这里一目了然显示整张画布，适合随时观察画面的整体效果。

3. 颜色区

绘画时所用颜色的区域，在面板下部，提供了储存常用颜色功能，这样就不用反复地进行调色工作了。

4. 图层面板

图层的使用有助于提升绘画效率，如将人物和背景置于不同的图层，绘画人物时对背景都不会有任何的影响。这个区域管理就是图层的相关工具。

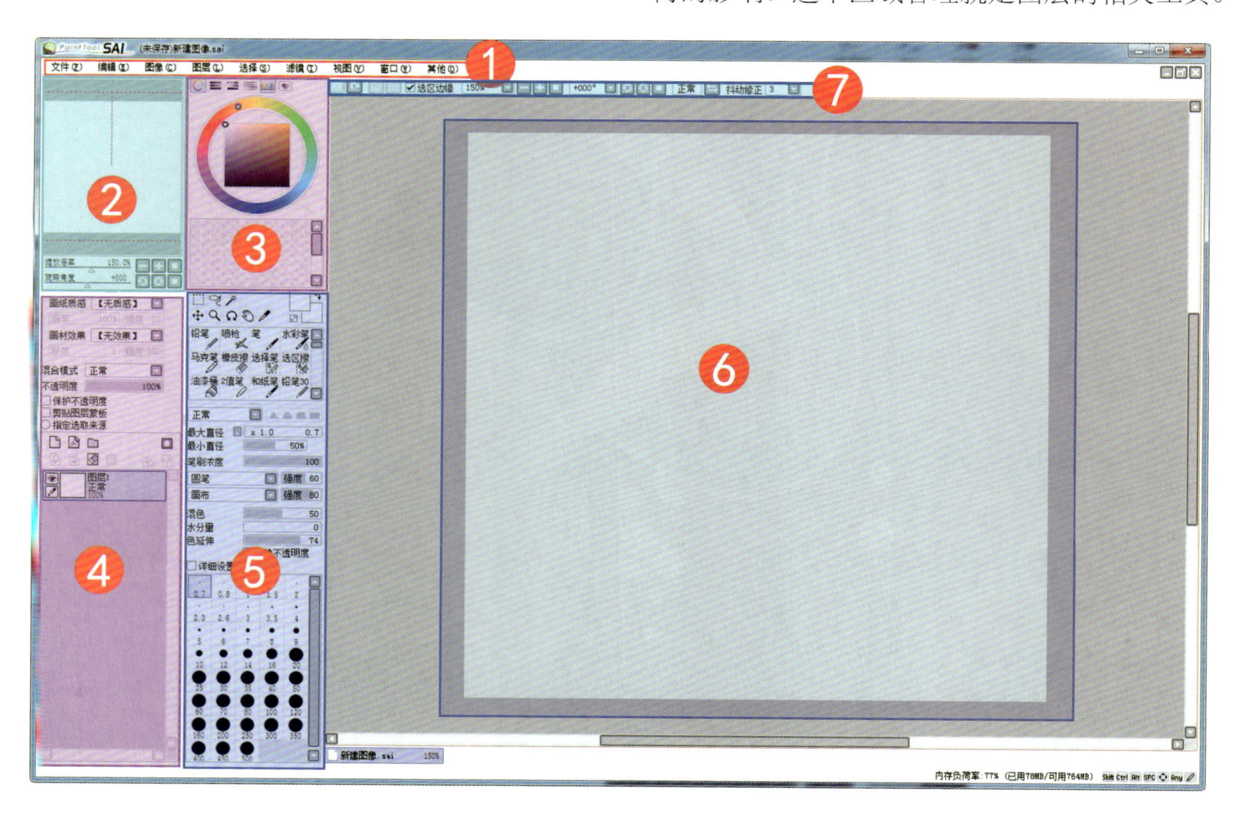

图 3-2

5. **工具面板**

多种多样的画笔工具都集中在这里，再加上可以对画笔工具进行详细的设定，并且在工具栏里添加修改好的画笔工具。利用这些，就能创作出独特的画笔，满足各种绘画需求。

6. **绘画区**

真正实施绘画的工作区域，只有在这区域内画笔才能发挥作用。

7. **快捷工具栏**

画布的旋转和显示比例，“抖动修正”能有效地防止、减轻因为手抖对绘画所造成的影响，画出比较流畅的线条。

二、SAI基础用法

(1) 新建画布，文件→新建文件→确定（图3-3）。

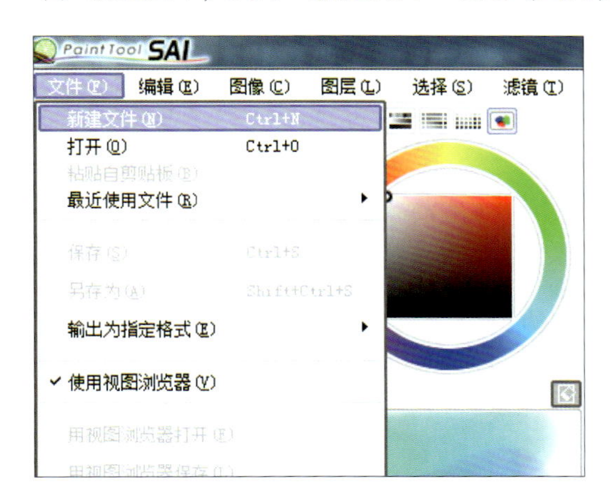

图 3-3

(2) 先建文档210mm×297mm，考虑到要输出打印，分辨率设置300dpi。如果只是在PC端显示，建议设置72dpi分辨率（图3-4）。

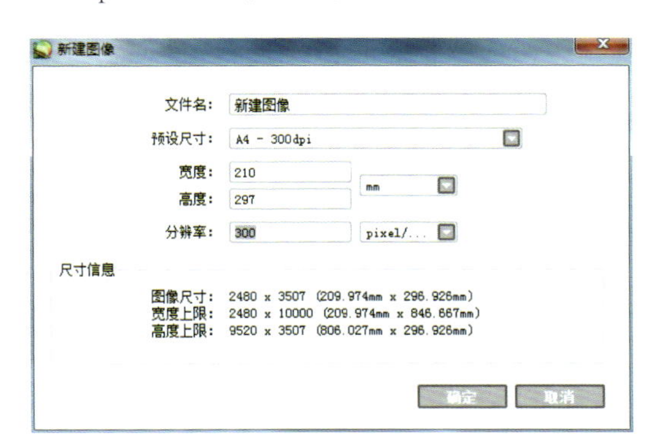

图 3-4

(3) SAI独有的一个优势是可以高效、自由地旋转画布视角。具体选项如下图。平时可以快捷键【空格+Alt+光标运动（鼠标左击）】，就可以实现任意旋转画布视角（图3-5）。

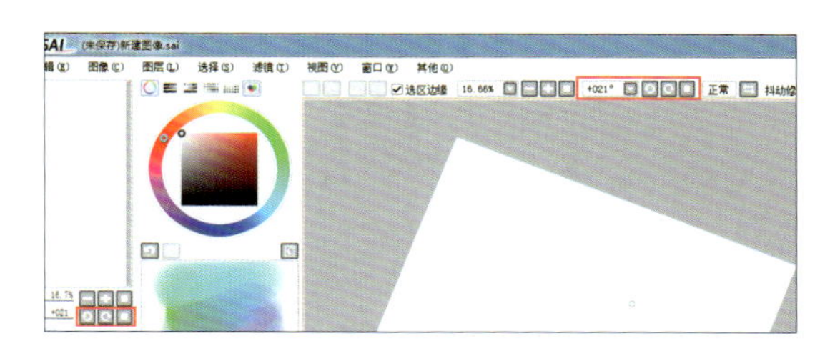

图 3-5

(4) SAI没有历史记录面板，但是可以通过画布左上角的箭头控制撤销和重做，快捷键是Ctrl + Z和Ctrl + Y。SAI默认记录的历史步骤容量大约是100M（图3-6）。

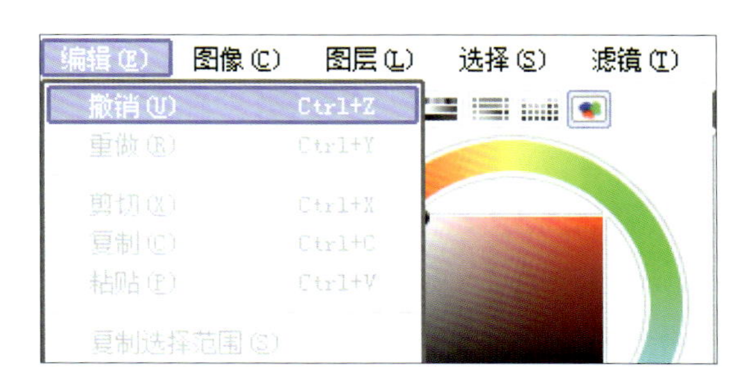

图 3-6

(5) 再看看颜色区，一共有6种功能盘：色轮、RGB滑块、HSV滑块、渐变滑块、色板和调色盘。上面的小按钮选择功能盘的开闭（图3-7）。

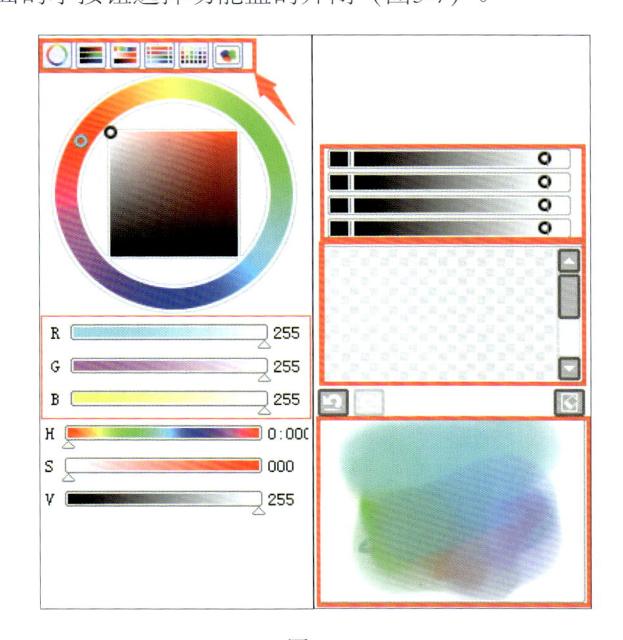

图 3-7

（6）如图3-8所示，第一个是矩形选区工具，配合下面的移动工具使用。当你选定一个选区的时候就可以用下面的移动工具来移动选区，当你没有选定选区的时候就会移动整个图层。第二个是套索工具，也是选区工具，不同的是它可以自定义选区的形状。第三个就是魔棒工具，可以非常方便地确定选区。这些都和PS的功能很像，会PS的一看就明白了。

图 3-8

（7）接上图，剩下的四个工具很常用。放大缩小工具，一般都使用快捷键Ctrl加“＋”或“－”画布放大/缩小。旋转工具，当然一般都是用第三步骤的快捷方式。抓手工具，移动画布的位置，同样的使用空格键就可以切换抓手工具。吸管工具，用来去色的，一般右击就可以临时切换取色了。

（8）接下来这里是笔刷区，一目了然，可以自定义的工具共有10种，在工具区点击右键可以看见，里面可以找到各种类型的笔刷来满足你的需要。SAI自带的笔刷类型已经非常多了，足够满足日常需要，当然如果觉得里面的笔刷不够使用的话，也可以自己设计笔刷，SAI的主文件夹下有一个叫作toolnrm的文件夹是用来储存笔刷的，里面有一堆ini文件分别都是各个笔刷，可以通过记事本打开来编辑（图3-9、图3-10）。

（9）笔尖形状，SAI的笔刷拥有四种笔头，尖头、圆头、钝头、平头。当你的选择不同时，效果也不一样（图3-11）。

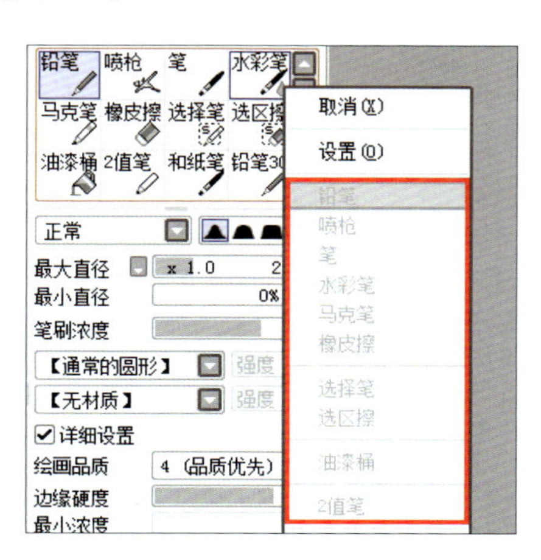

图 3-9

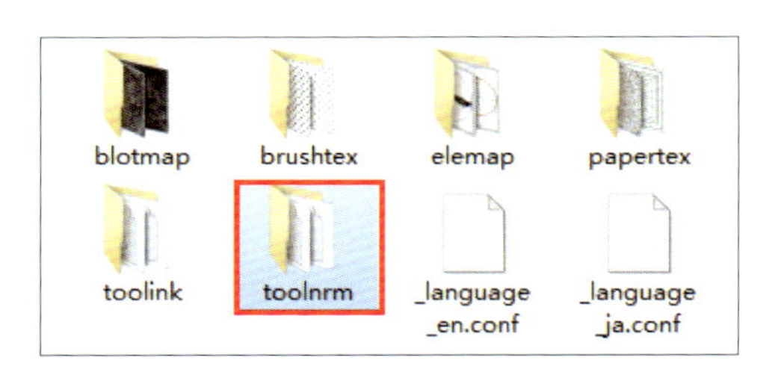

图 3-10

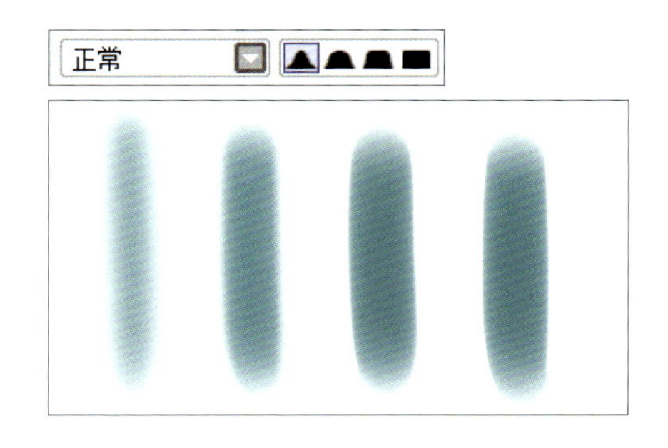

图 3-11

（10）最大直径：主要是控制笔刷的大小，可以调整极其细微的笔刷大小。

最小直径：可以利用笔压来控制笔刷涂出来的线条的粗细大小变化。

笔刷浓度：浓度越大，色彩也越浓厚，反之越清淡（图3-12）。

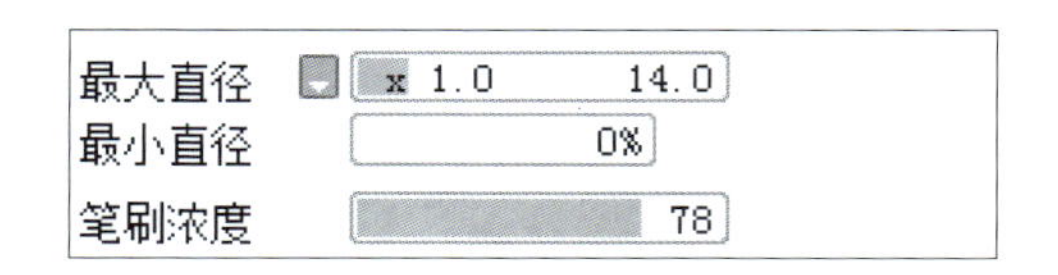

图 3-12

（11）默认画笔是无材质的，当我们想为画面增加一些肌理效果就会用到材质。SAI自带的材质就有115种，也可以自己设计材质。SAI的主文件夹下有一个brushtex的文件夹，是用来存放材质的。看一下使用材质对比效果（图3-13、图3-14）。

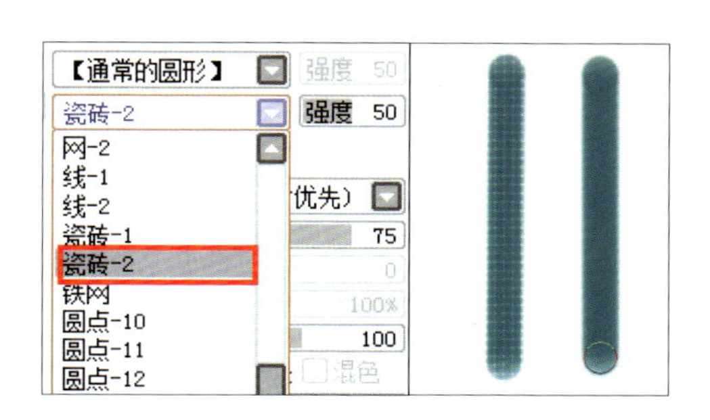

图 3-13

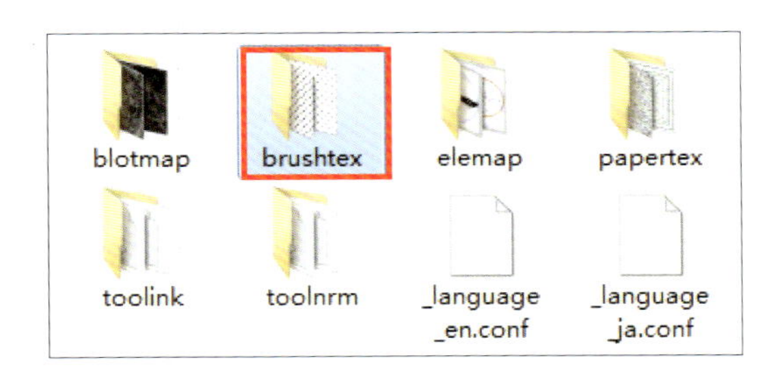

图 3-14

（12）混色、水分量、色延伸：它们会改变笔刷涂色的很多效果。先说混色。它的效果就是让笔刷的颜色和周围的颜色按一定的比例混合，达到渐变的效果。混色调得越高，混合的效果越明显。如图3-15所示分别为0%、50%、100%的混色效果。

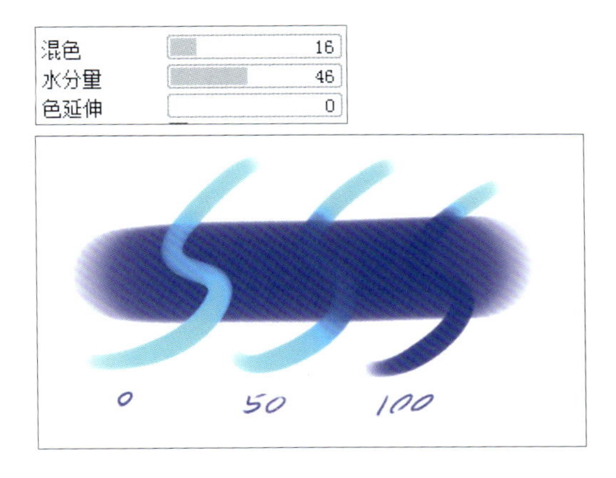

图 3-15

（13）水分量，会改变笔刷的色彩强度。水分量越大，笔刷涂抹出来的颜色越淡；反之越浓。这和之前提到的“笔刷浓度”不一样，笔刷浓度是改变笔刷颜色的深浅，水分量改变的是浓淡。水分量越来越大，颜色越来越淡，当水分量达到100%时，就变成清水了，一点颜色也涂不出来。水分量可以调整到40%，达到一种淡雅的效果（图3-16）。

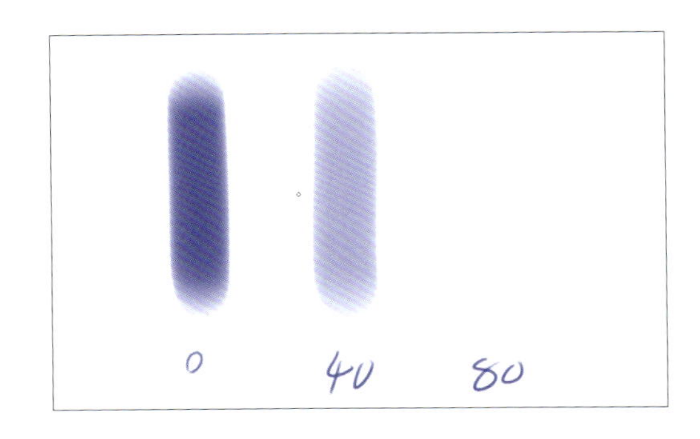

图 3-16

（14）色延伸，和混色正好反过来。混色会使你的笔刷颜色和周围颜色混成一团；而色延伸则是保持住笔刷的当前颜色，笔刷移动时不会受周围颜色的影响（图3-17）。

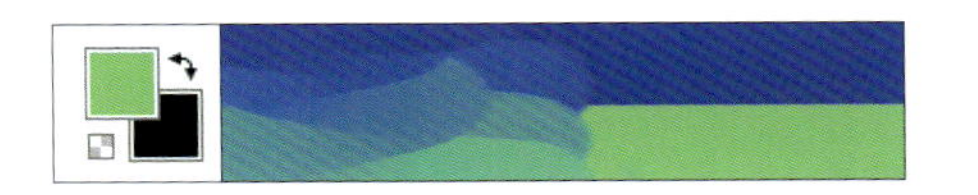

图 3-17

（15）画纸质感和画材效果和笔刷材质有类似的效果。有34种画纸质感。倍率是纹理的大小/缩放。强度就是纹理的深浅（图3-18）。

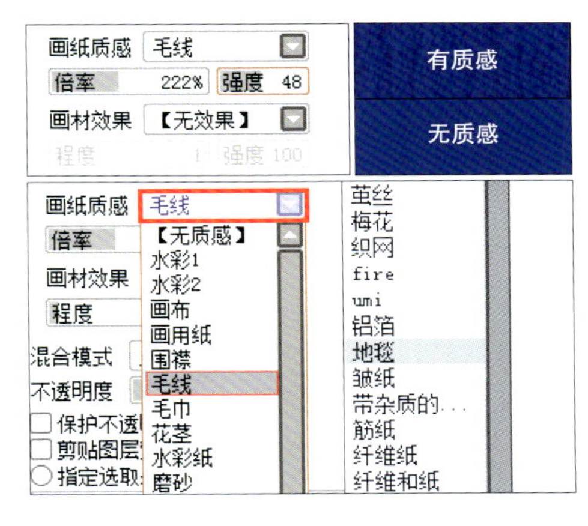

图 3-18

（16）图层混合模式作为绘画中一个很少用但是有非常重要的功能。SAI的图层混合模式没有PS多，但是作为一般绘画基本上还是足够用的（图3-19）。

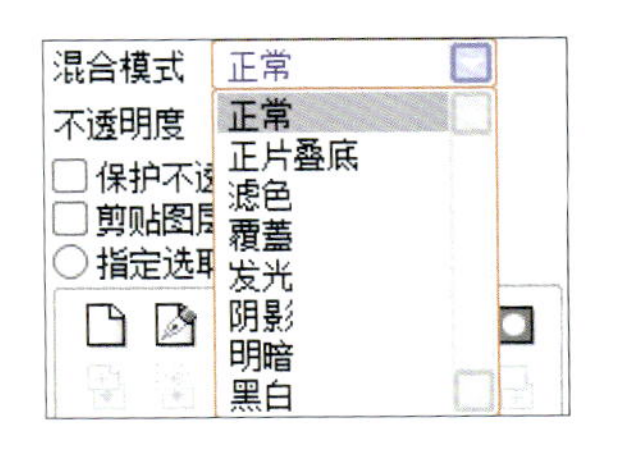

图 3-19

（17）保护不透明度，这个功能可以锁定你正在画的图层上的颜色，这样不管你怎么画都不会超过你之前画的范围。黑底是之前画好的，在上色之前勾选‘保护不透明度（图3-20）。

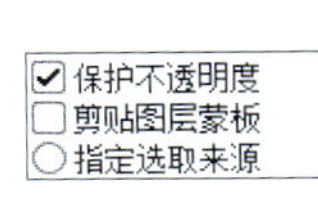

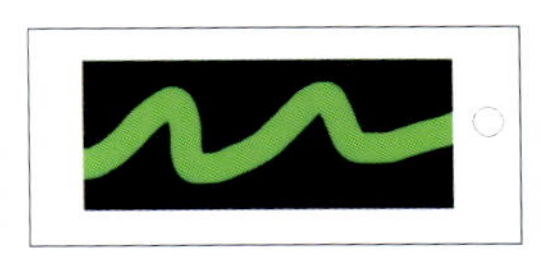

图 3-20

（18）剪切蒙板，这个和保护不透明图层差不多，都是锁定颜色不会超出原本的涂色范围，但是保护不透明度是针对当前图层，而剪贴图层蒙板则是针对要锁定的颜色所在的图层的上一个图层。简单理解就是这个是要两个分开的图层，而保护不透明图层只需一层（图3-21）。

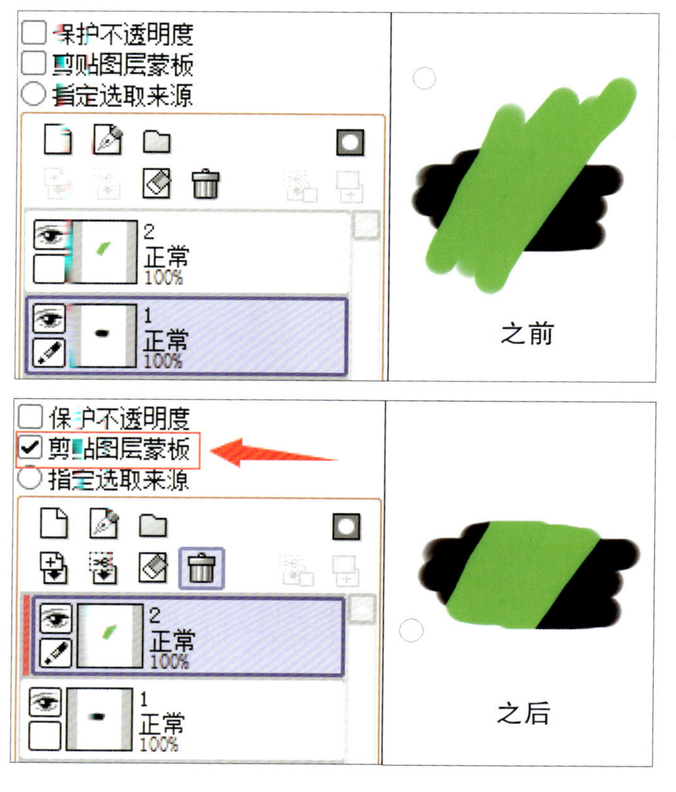

图 3-21

（19）指定选区来源，绘画的时候经常用到很多图层，找图层其实是挺麻烦的，设定选取范围的时候，特别是在已有图像的情况下很麻烦，这个时候如果预先在一个图层铺了底色或者存在了已有的图案，把该图层设为选取来源，那么之后在绘画的时候，无论使用中的是哪个图层，使用魔棒，把选取范围设为由设定图层作为来源，即可以轻松获得所需底色或图案的范围，而无须一个图层一个图层找（图3-22）。

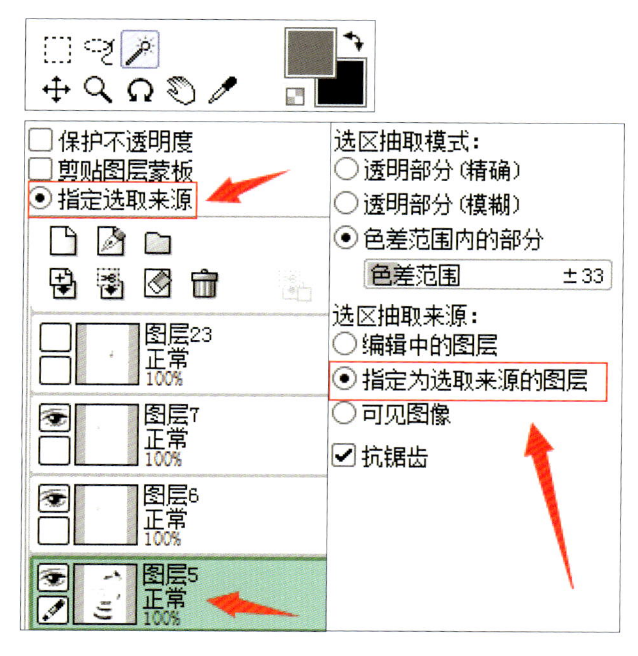

图 3-22

三、SAI提高绘画效率技巧

这里就总结一下绘画时常用的快捷键。有了这些技巧后，使用的软件操作，绘画速度将会提高很多倍，给别人感觉也更加专业些。

Delete：左旋转画布【逆时针】

End：右旋转画布【顺时针】

Alt+空格+鼠标左键：旋转画布

Alt+空格+鼠标右键：恢复旋转画布【Home也可以】

Ctrl++：放大　　Ctrl+−：缩小

Ctrl+0：恢复视图视窗大小

Ctrl+空格+鼠标左键：局部放大

空格+鼠标左键：移动画布

Ctrl+T：自由变换

空格+鼠标左键：任意移动画布

】：放大笔刷

【：缩小笔刷

0~9：选择笔刷浓度

Ctrl+Alt+鼠标左键：(左右拖动)调整笔刷大小

Alt+鼠标左键：拾色

Ctrl+Z：撤销

用虚线选择选区时，按住Ctrl是移动，按住Alt是减区域，按住Shift是加区域。

画直线：用笔点一个点，按住Shift，再点一个点，两个点之间就会形成一条直线

Tab：全屏切换

E：一直按住E，笔会变成橡皮，松开就变回笔。

第二节 SAI
实操案例 1

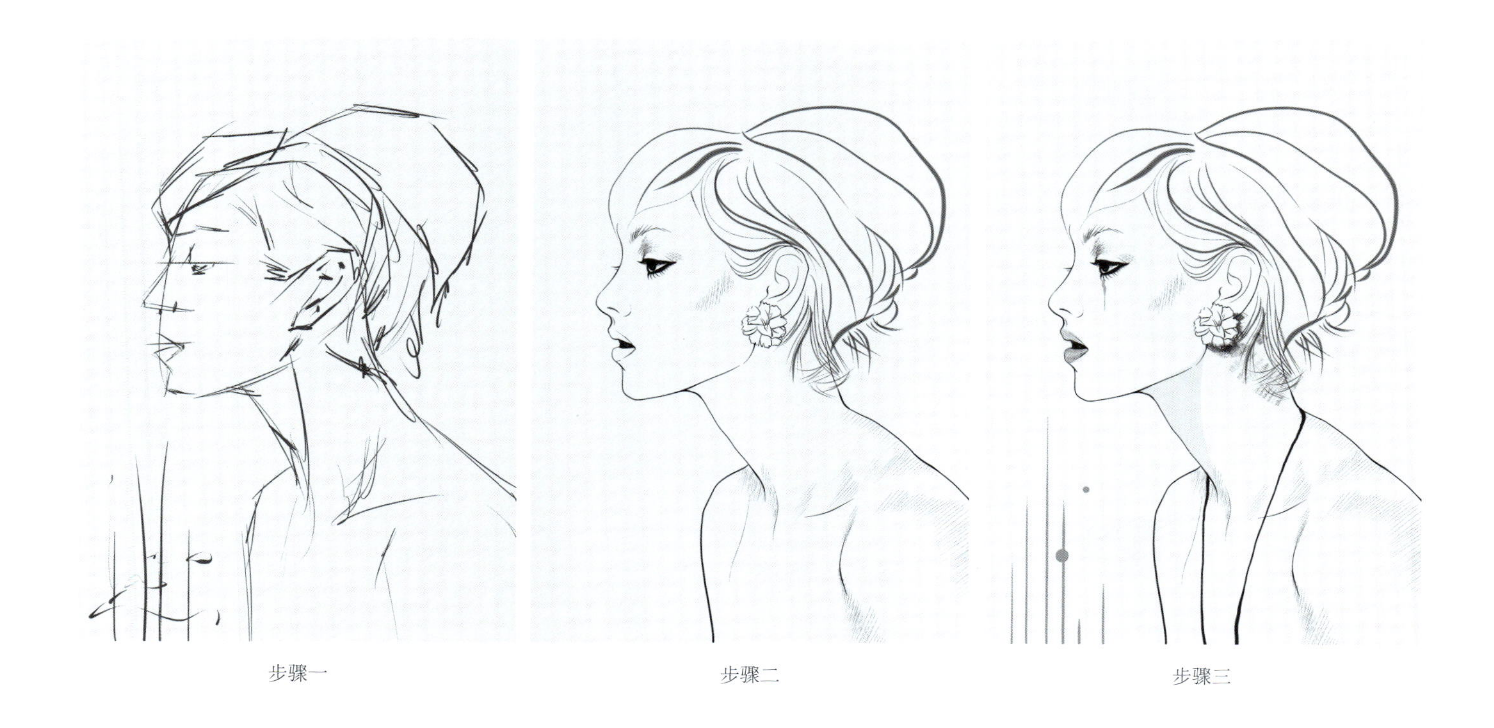

步骤一　　步骤二　　步骤三

步骤四　　步骤五

图 3-23

在这个案例中，我们将利用SAI特有的优势来创作一幅极简风格的时装插画。越简单的画面越难控制，没有几年的绘画积累，想要画出精准流畅的线条是不容易的。现在可以利用SAI数字绘画短时间的来达到流畅的线条（图3-23）。

（1）首先，打开文件，命名“极简”，先建文档210mm×297mm，考虑到要输出打印，分辨率设置300。如果只是在PC端显示，建议设置72分辨率（图3-24）。

（2）预先要做的是尽可能地收集大量的灵感图片，当你手上有了足够的参考资料，脑中有了画面的时候就可以动手了，填充底色，再新建一层，命名为“草稿”。简单的构图，使用黑色铅笔，调整画笔大小7~8像素，画出大致要表达的人物动态、五官位置、服饰线稿（图3-25）。

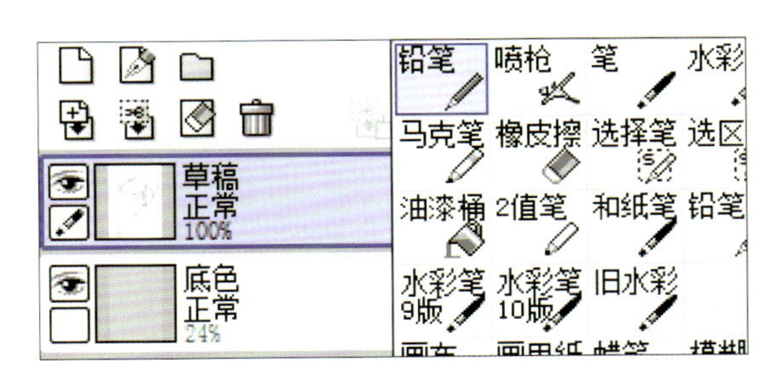

图 3-25

（3）接下来我们要进行细化线稿，将“草稿”图层降低不透明度，大概30%就可以了，新建图层并命名“线稿”，再调整画布上方的快捷工具栏【抖动修正】，这个很重要，这是画出漂亮的线条的重要技巧，数值越大画出的线条越流畅，数值太大的话会比较卡，这里选的数值是15（图3-26）。

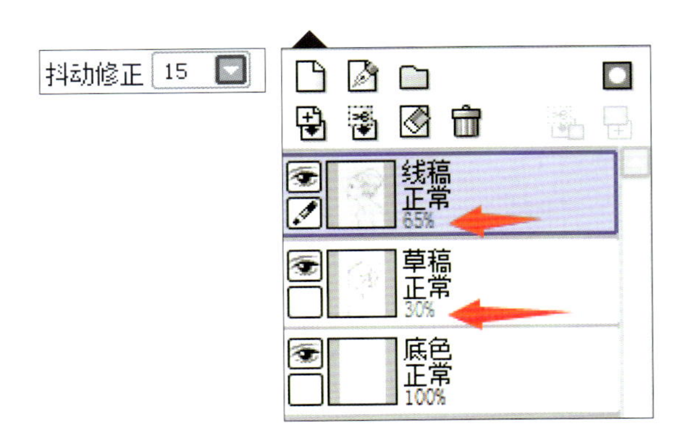

图 3-26

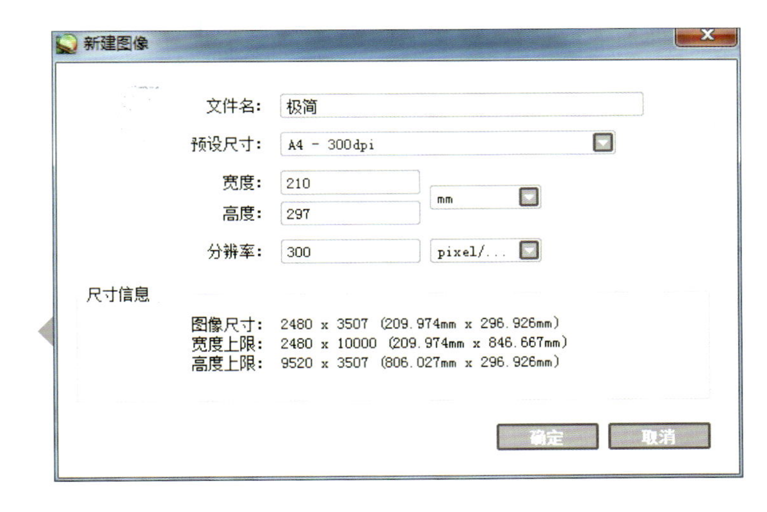

图 3-24

（4）然后就是一步一步地进行细化线稿，如果画错了直接Ctrl+Z，反复地细化，直到画出自己满意的线条为止，这一步一定要有耐心。好的画面值得推敲和品味，线条和结构一定要流畅准确，越简单的画面越难表现得到位，且勿急于求成（图3-27）。

图 3-27

图 3-28

（5）细化到这一步已经完成了大半了，这样的画面还是缺少亮点，比较平，构图还是不够完美（图3-28、图3-29）。

图 3-29

（6）在画面的左下角增加一些动感的线条元素，尽量做到点线面相结合，疏密有致。再增加一些表情，丰富画面的情感因素（图3-30）。

图 3-30

（7）点缀装饰，这时发现画面都的头发并不是很好看，需要为它添加点缀一下其他的画面元素，由于在SAI里没有想要的笔刷效果，转到PS中绘制头发肌理效果（图3-31）。

图 3-31

（8）最后，储存成PSD格式，这样可以保留图层，接下来在PS中打开，绘制头发的肌理效果。载入Blur's good brush 4.5.abr笔刷，选择“绘画风格笔-2”，调整大小160、间距90、不透明度40，开始绘制。完成（图3-32～图3-36）。

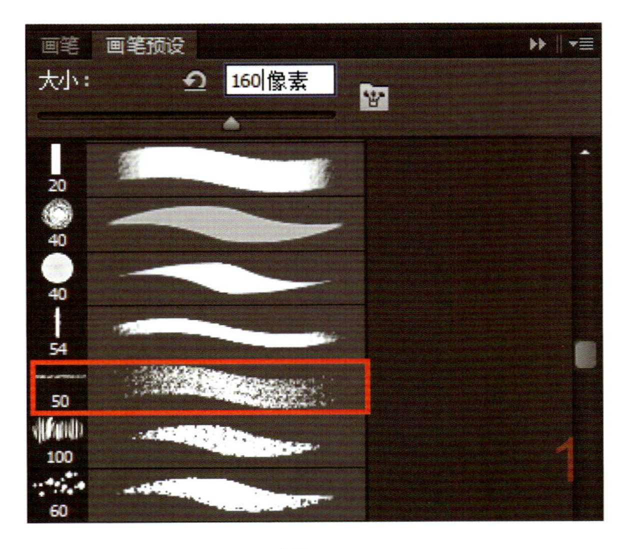

图 3-32

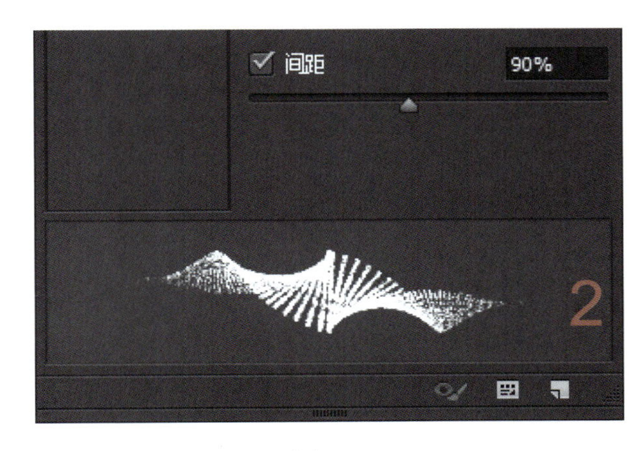

图 3-33

图 3-34

图 3-35

图 3-36

第三节 SAI

实操案例 2

图 3-37

首先根据创作的需要，尽可能地收集大量的参考图片，找到合适的素材。当你手上有了足够的参考资料后，开始打稿，前期随意一些，再从中找出比较有感觉的草图进行创作。在绘制这张之前花了2个小时找资料，1个小时画草稿（图3-38、图3-39）。

在这个案例中，注重人物与背景图案的融合，利用SAI笔刷效果，结合生动的线条底稿，让整幅作品呈现较强的装饰性。在技术上，充分运用SAI的图层作用，分层处理图像色彩。最后进行细节刻画，完善画面效果。

图 3-38

图 3-39

（1）最终选择了其中一幅稿进行深入，当然在深入细化的过程还是在进行二次创作的。草稿画的不是很细就是为了深入时随时可以增加一些新的想法，这是很有意思的一个过程（图3-40）。

图 3-40

（2）线稿层和底色层一定要分开，以便修改调整。深入得差不多了，要随时检查画面整体效果，通过导航器观察，不能陷入细节而忽视整体（图3-41）。

图 3-41

（3）通过观察，发现画面两个地方有点空，需要一些点缀，考虑到要与花朵上的花蕾相呼应，绘制了两束花蕾，值得注意的是要处理好疏密关系，不然会显得凌乱（图3-42）。

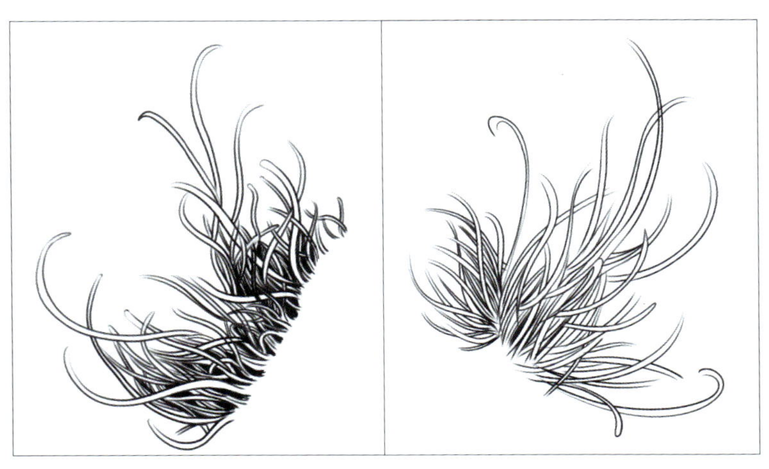

图 3-42

图 3-43

（4）深入五官的细节，由于这张想要表达一种囫目怪诞的想法，所以表情以闭眼冥想这样的一个表情进行绘制（图3-43）。

（5）接下来是上色阶段，新建图层命名“上色层”，放在线稿图层下面，这样才不会覆盖线稿。选择“笔”大小60左右，笔刷浓度50左右，混色80左右（图3-44）。

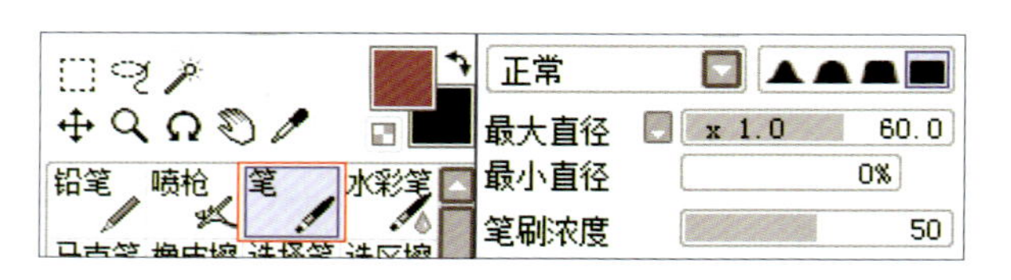

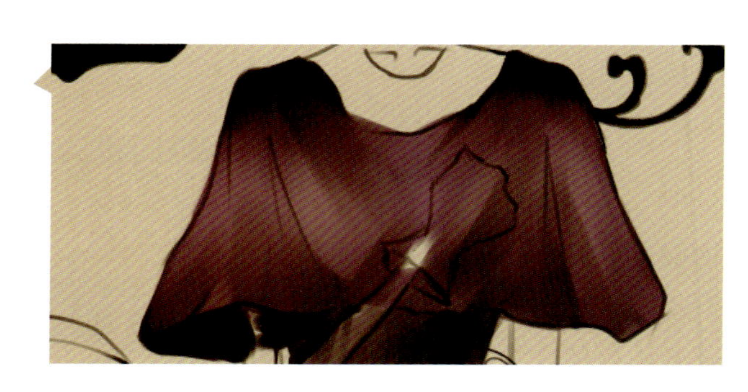

图 3-44

（6）背景的花蕾也应该分图层，放在衣服图层的下方，这样会提升上色的速度。应该有下图这样的一个分层思维（图3-45）。

图 3-45

（7）上色一般会遵循一个原则，冷暖对比或纯度对比。在处理裙子亮部的时候我会选择冷色系进行绘画，尽管使用了多种颜色，但始终保持在一个冷色调上，丰富画面色彩而不会觉得乱（图3-46）。

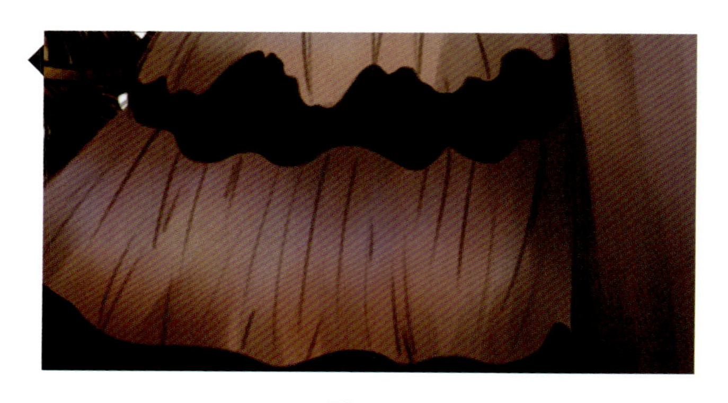

图 3-46

(8) 同样的，为花朵上色，新建一图层。其中可以加入暗部，在色环上向下一点，取色，和原来的固有色混合，产生暗部。反之，亮部同理（图3-47）。

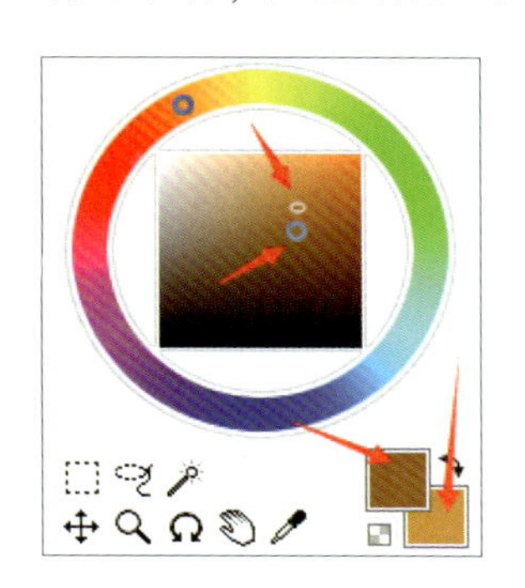

图 3-47

(9) 接下来给人物上肤色，由于画面的整体色调偏灰，需要有亮色衬托，肤色就选用白色，当然不能是纯白，要考虑画面的协调，用的是偏灰的白。手也顺带画上，这些都是在上色之前需要考虑的（图3-48）。

图 3-48

(10) 单看花朵没什么内容，还需添加元素，新建图层并命名，这里添加了一些水流和水珠，先画暗部再提高光，感觉就出来了。手法都是相同的，需要调整的是笔刷大小、笔刷浓度和混色大小，多多调试很容易上手（图3-49）。

图 3-49

图 3-50

（11）腰带上的流苏装饰，因为是小面积，所以上色可以用纯度高一点的色彩点缀，颜色可以丰富一点也不会破坏整体的关系（图3-50）。

图 3-52

（12）接下来就是处理裙子的细节，如图3-51、图3-52所示，通过两张图的对比很容易看出图3-51的画面会更丰富一些。想丰富画面效果，尽量做到点、线、面相结合。可以看出后期就是增加了点和线，增加了画面对比。同时选择灰白色，也增加色彩上的对比。

图 3-51

（13）深入脸部的细节——上妆，加眼影和腮红，使五官细节更加丰富。再处理皮肤上的阴影，使人物更加立体。接着增加发饰点缀（图3-53）。

图 3-53

（14）同时发现整个画面的左上角有点空，改变人物发型，向左延伸，保持画面平衡（图3-54）。

图 3-54

（15）最后，整张电脑时装画就算完成了，记得保存原文件，后缀是.sai格式，方便日后调整，再输出另存为.jpg格式就可以了（图3-55）。

图 3-55

第四节 SAI

过程案例 1

SAI过程案例如图3-56所示。

步骤一

步骤二

步骤三

步骤四

图 3-56

第五节 SAI

过程案例 2

SAI过程案例如图3-57所示。

步骤一

步骤二

步骤三

步骤四

图 3-57

第六节 SAI
时装画欣赏

图 3-58

图 3-59

图 3-60

图 3-61

图 3-62

图 3-63

图 3-64

图 3-65

图 3-66

图 3-67

图 3-68

图 3-69

图 3-70

图 3-71

图 3-72

图 3-73

图 3-74

第四章
PAINTER

第一节 Painter 绘画的基本操作

Painter，意为“画家”，是一款极其优秀的仿自然绘画软件，拥有全面和逼真的仿自然画笔。专门为渴望追求自由创意及需要数码工具来仿真传统绘画的数码艺术家、插画画家而开发的（图4-1）。

一、Painter 主界面介绍

Painter 11的标准界面感觉和Photoshop的界面很相似。主要的绘画界面由菜单栏、工具属性栏、工具箱、画布、画笔面板、调色板和图层面板等组成（图4-2）。

1. 菜单栏

Painter的菜单栏有10个功能选项，使用下拉菜单选项访问工具和功能。

2. 工具属性栏

可调节笔刷相关属性的部分，根据不同笔刷将会有所改变。

图 4-1

3. 工具箱

将指定选择区域或者裁剪图画等各种编辑功能集于一身的工具箱。它与PS、AI等软件的工具箱非常相似，有些功能甚至是相同的。如魔棒、钢笔、裁切、文字、吸管、抓手等。

4. 画布

画布是绘图窗口内部的矩形工作区，其大小决定了您创建的图像的大小。

5. 画笔面板

可以选择画笔类别和变体，分为可选择大类的“笔刷种类”和可选择小分类的“笔刷变量”。

6. 调色板 / 图层面板

选择颜色的部分/一个图层代表了一个单独的元素，可以任意更改之。

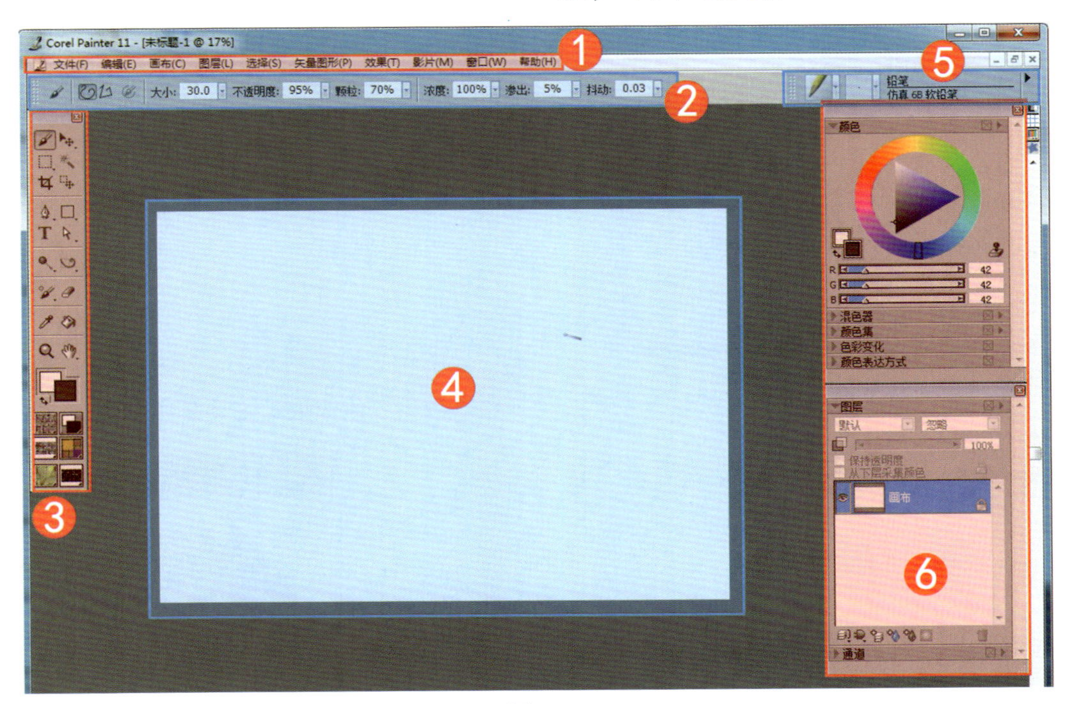

图 4-2

二、Painter 笔刷介绍

画笔是Painter最重要的特色，Painter 11的笔刷种类和变体数量是空前庞大的。一共有37种笔刷，400多种变体（图4-3）。掌握了这个软件的画笔，基本就掌握了这个软件。

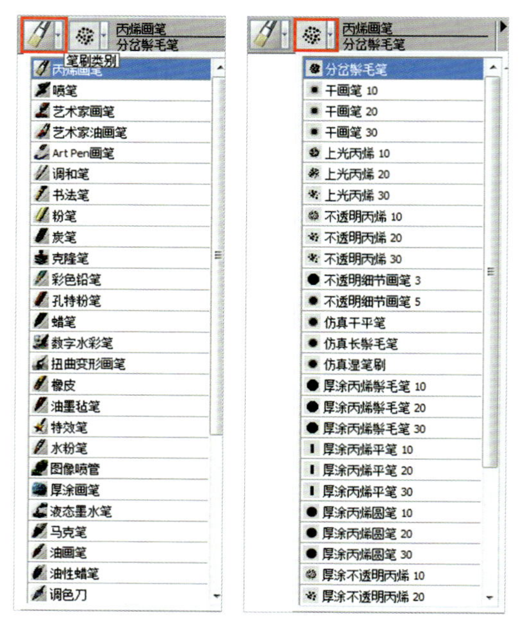

图 4-3

Painter有专门的细节调整的，在编辑→预设→笔记追踪里，可以根据用力程度和速度自来设置适合你的笔触（图4-4）。

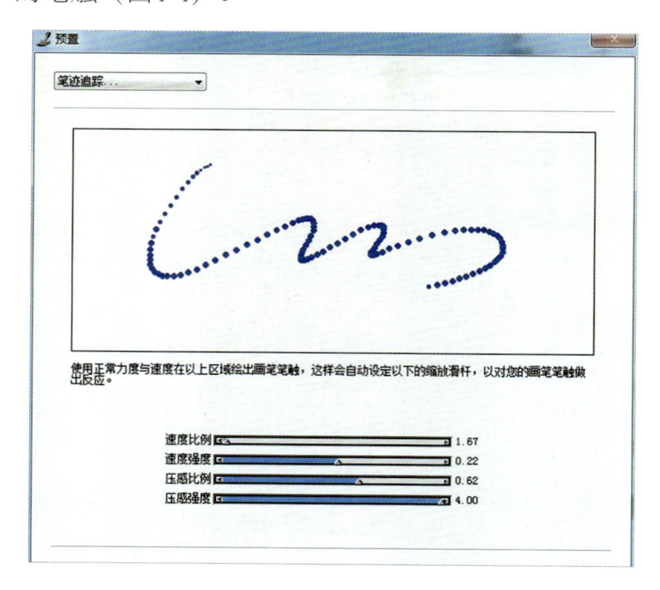

图 4-4

下面就分别介绍常用的笔刷的基本特性：

丙烯画笔：这个是Painter 8新增的一类笔刷，其实是从原来版本中毛笔中分离出来的一个类别。原来的分叉毛笔也归到了丙烯画笔之列。丙烯画笔的特性是笔毛分叉比较厉害，而且笔毛的质感比较硬（图4-5）。

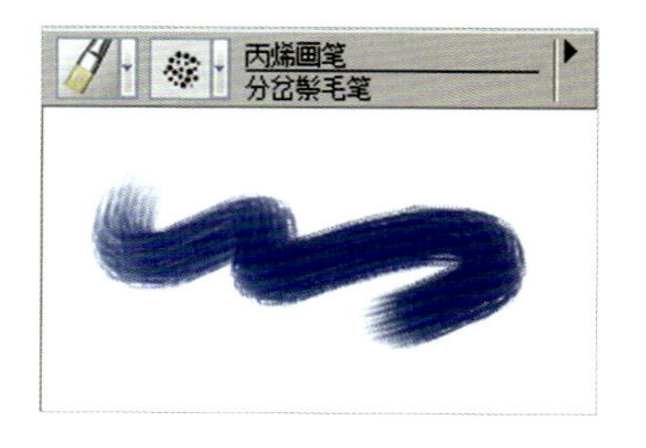

图 4-5

喷枪：是比较熟悉的一类，可以提供各种效果，配合数位板的倾斜压感控制可以实现一些特效（图4-6）。

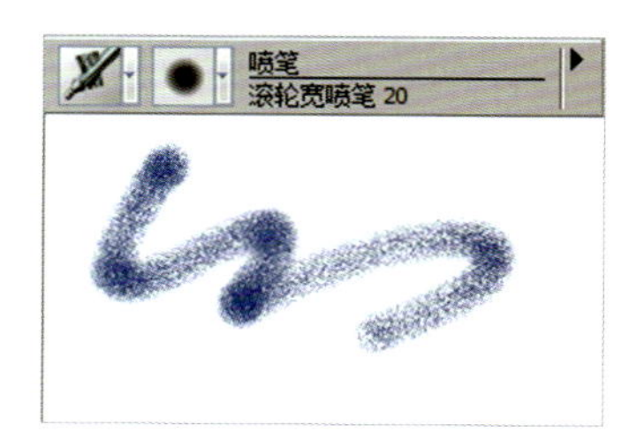

图 4-6

艺术家画笔：是模仿一些著名画家的画风笔触，印象派画笔就可以很好地模仿莫奈等的印象派画风（图4-7）。

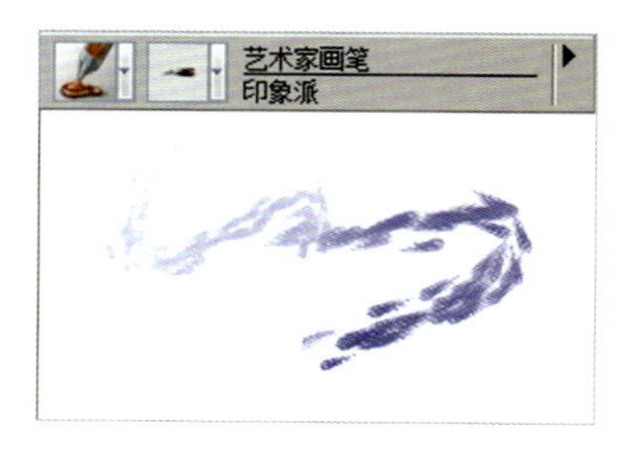

图 4-7

调和笔：是新增的一组笔刷，主要的作用就是柔和笔触和混色效果。主要是用来过渡（图4-8）。

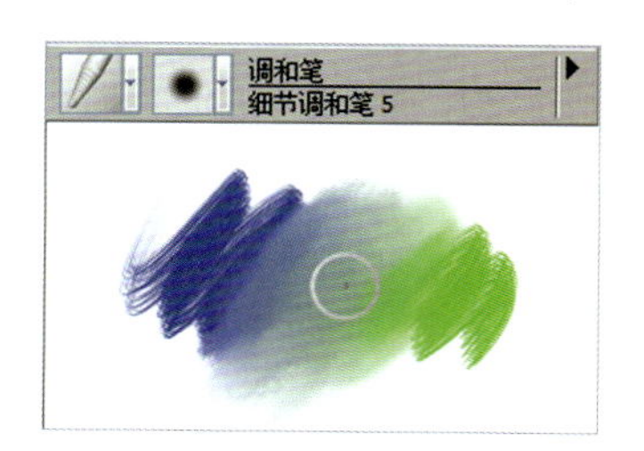

图 4-8

书法笔：顾名思义，可以很好地模仿一些书法笔触，最适合画中国风水墨风格的画（图4-9）。

图 4-9

粉笔：顾名思义，就是模仿粉笔的效果，主要是通过颗粒度和色彩的浓度变化产生不同的线条，可以很好地表现纸的纹理（图4-10）。

图 4-10

炭笔：是质地比较软的一种干画笔，软炭笔是一种非常柔和的变体，而且有一定的纸纹效果（图4-11）。

图 4-11

克隆笔：可以用各种类型的画笔仿制对象，当没有确定克隆源之前，克隆源默认的是图案面板中选定的图案。可以当作Photoshop的图章工具使用，按住Alt键点取克隆源，然后涂抹（图4-12）。

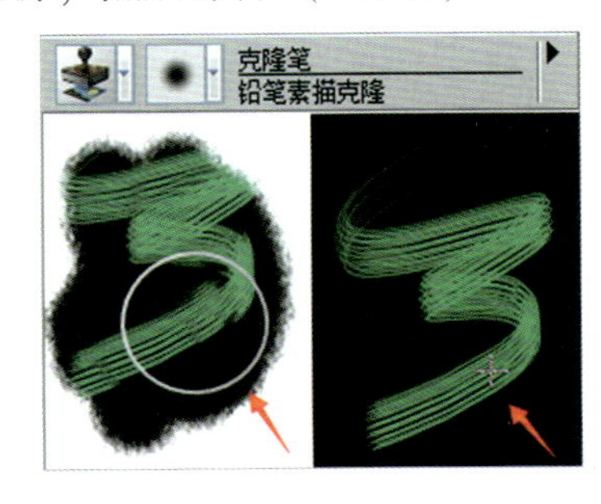

图 4-12

彩色铅笔：是原来铅笔类笔刷中独立出来的一个新的类别，可以很好地模仿各种不同质感的彩色铅笔的笔触（图4-13）。

图 4-13

孔特粉笔：是新增的一个类别，它的质地松软，很适合大面积涂抹和进行粉笔速写（图4-14）。

图 4-14

蜡笔：是质地最硬的一种干画笔，而且当笔触重叠时会有加深效果（图4-15）。

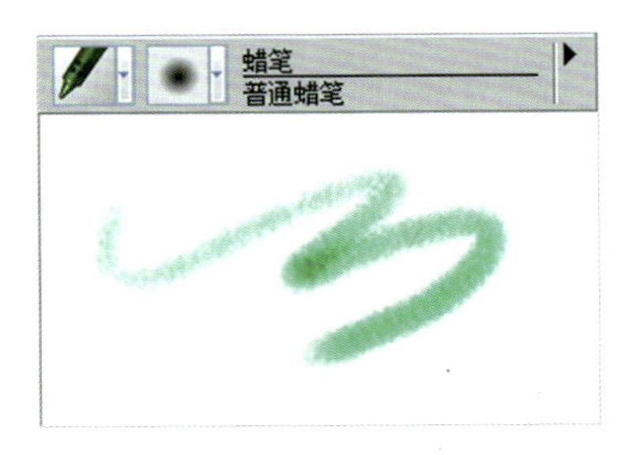

图 4-15

数字水彩笔：顾名思义，就是模仿水彩笔的一种效果，而且可以在普通的图层上绘画，非常方便（图4-16）。

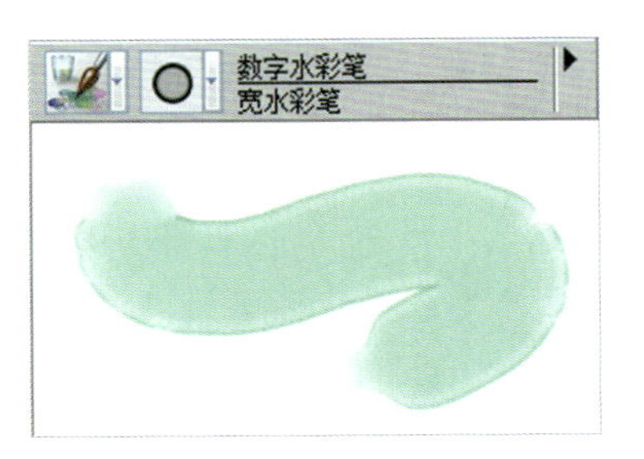

图 4-16

扭曲变形画笔：是原来液态笔中的一类，现在独立成为一种笔刷。这些变体可以产生很多稀奇古怪的扭曲效果，很像Photoshop的液化功能（图4-17）。

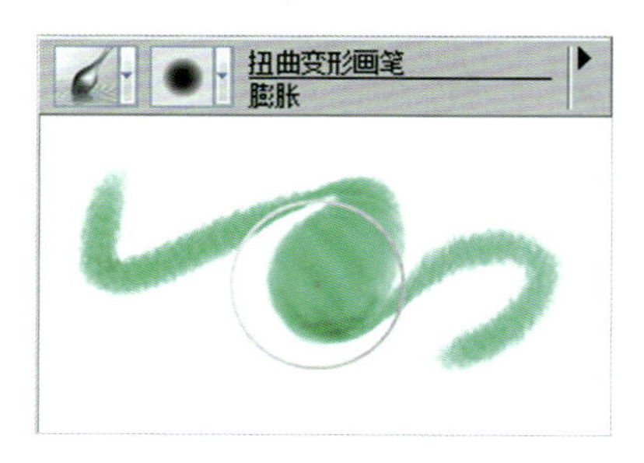

图 4-17

橡皮：顾名思义，工具的作用很简单，就是擦除（图4-18）。

图 4-18

油墨毡笔：可以模仿各种类型的马克笔效果（图4-19）。

图 4-19

特效画笔：顾名思义，可以添加很多的特效效果（图4-20）。

图 4-20

水粉笔：质地都比较柔软，比丙烯类画笔更加柔和，可以很好地模仿传统的水粉画（图4-21）。

图 4-21

图像喷管：像是图像喷洒器，可以随意在画面上喷洒图像（图4-22）。

图 4-22

厚涂画笔：可以很好地模仿厚涂笔触的效果。可以产生厚涂笔触，很适合添加厚涂效果（图4-23）。

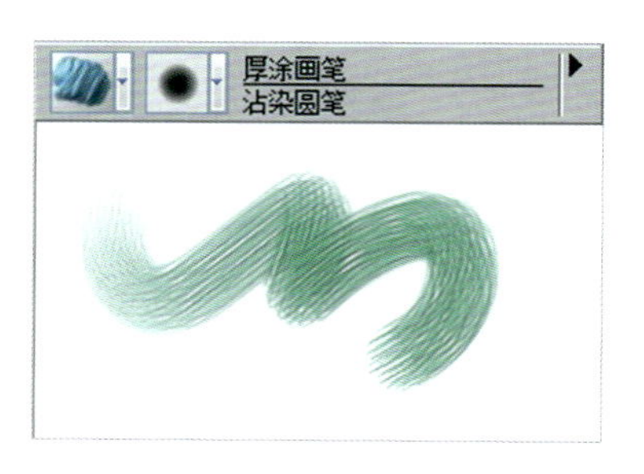

图 4-23

液态墨水笔：是一种粘厚的墨水，作用于独立的液态墨水图层，有丰富的手绘笔触效果（图4-24）。

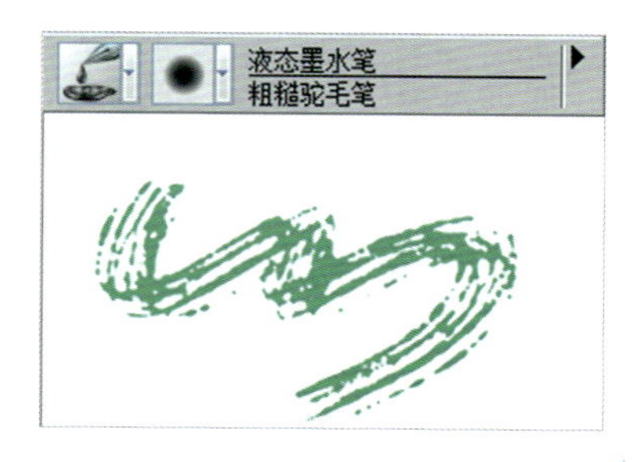

图 4-24

油画笔：是质地比较适中，带有一定黏性的画笔，很适合笔触的堆积和形体的塑造（图4-25）。

图 4-25

调色刀：可以模仿调色刀的刮痕和纹理效果，这种笔刷的特征在下图已经表现得很明显了（图4-26）。

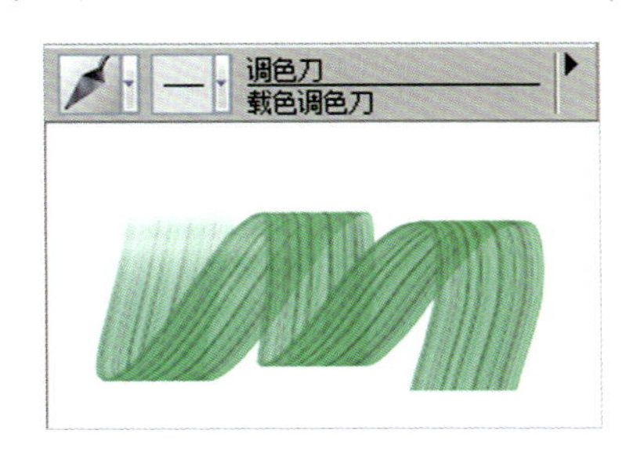

图 4-26

色粉笔：是一种比较柔和的干画笔，它的硬度介于粉笔和孔特粉笔之间（图4-27）。

图 4-27

图案画笔：是一种比较特殊的画笔，它的笔触取决于图案面板中的图案设定（图4-28）。

图 4-28

铅笔：铅笔是应用最广泛的笔种之一，是最普通的一类，我们通常用来起稿（图4-29）。

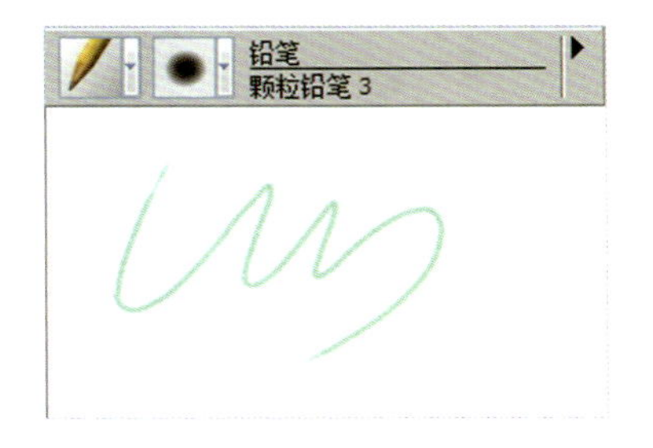

图 4-29

钢笔：效果比较类似于马克笔，不同之处在于，钢笔的线条颜色比较均匀，线条的粗细变化细腻（图4-30）。

图 4-30

照片：可以模仿一些传统相机效果，是很好的添加纹理特效的画笔（图4-31）。

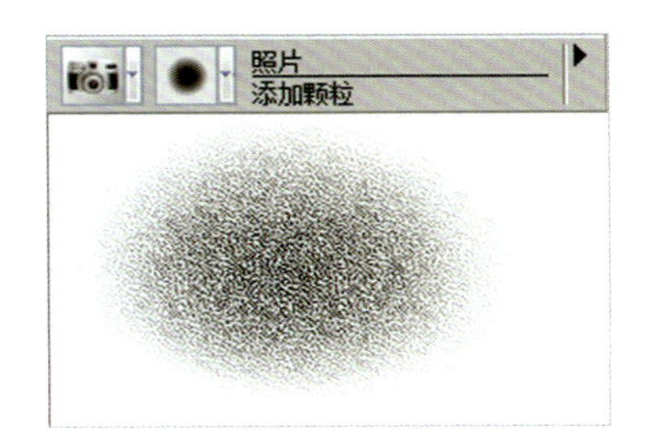

图 4-31

海绵：顾名思义，使用海绵作画就是为画面加上不连续的、斑驳的色彩，使颜色变化更加丰富，增加画面的色彩种类与表现力（图4-32）。

图 4-32

水墨笔：是模仿中国传统国画，新增的一类画笔（图4-33）。

图 4-33

着色笔：是一种比较普通的笔刷，很多变体有重复凑数之嫌。对于彩色的图像似乎无效，在灰度图像上才可以发现它的用处（图4-34）。

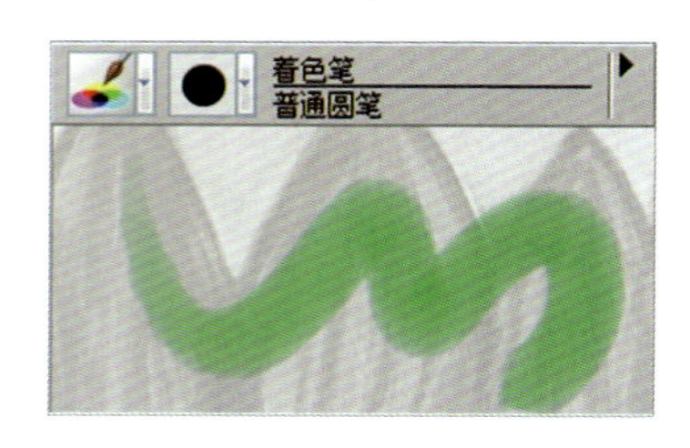

图 4-34

水彩：是真正意义上的水彩，和传统的水彩一样，没有遮盖能力，越画越深，而且水分的变化有很多种类，作用于单独的水彩图层（图4-35）。

图 4-35

三、Painter 混色器介绍

打开Painter，混色器面板初始是和其他面板在侧边工作区的（图4-36）。

图 4-36

左下角的工具区功能依次为：脏画笔模式、应用颜色、混合颜色、取样色彩、多重取样色彩、缩放、抓手。

脏画笔模式：顾名思义，开启此模式可以在混色过程中使调色笔在每笔结束时记忆结尾处的颜色，将颜色运用到下一次落笔调色。

应用颜色：此工具相当于调色笔。

混合颜色：可以让颜色混合起来。

取样色彩：混色器中的吸管工具，用它来选取调好的颜色。

多重取样色彩：可以选择区域内的混合颜色。选择混合范围的大小由下面的笔刷大小来控制。

缩放和抓手：缩放可以缩小、放大页面。手抓工具能拖动、旋转页面。

四、Painter 提高绘画效率技巧

抓手	【空格】
画笔笔头大小	【[　]】
画笔不透明度10% - 100%	【1 – 0】
放大缩小视图	【Ctrl++】和【Ctrl + –】
后退（只能后退32步）	【Ctrl+Z】
切换到移动工具	【Ctrl】
切换到吸管工具	【Alt】
画直线	【Shift】
显示整个画面	【Ctrl+0】
自由旋转画布	【E】
旋转后锁定	【G】
还原画布	【鼠标双击】
放大缩小	【M】
自由画笔	【B】　直线画笔　【V】
油漆桶	【K】
前景色背景色切换	【Shift+X】
隐藏所有面版	【Tab】
自由旋转画布	【空格 + Alt】
新建图层	【Ctrl + Shift + N】
图片储存	【Ctrl + Shift + S】
调整颜色	【Ctrl + Shift + A】

第二节 Painter 实操案例

图 4-37

在这个案例中，人物绘画是绘制中较难的部分，尤其是写实的人物插画，不仅要把人物刻画完美，还需要给人物增添一些神韵，这样画出来的人物才生动（图4-37）。

（1）打开Painter，接好数位板，键入Ctrl+N新建一个文件（图4-38）。

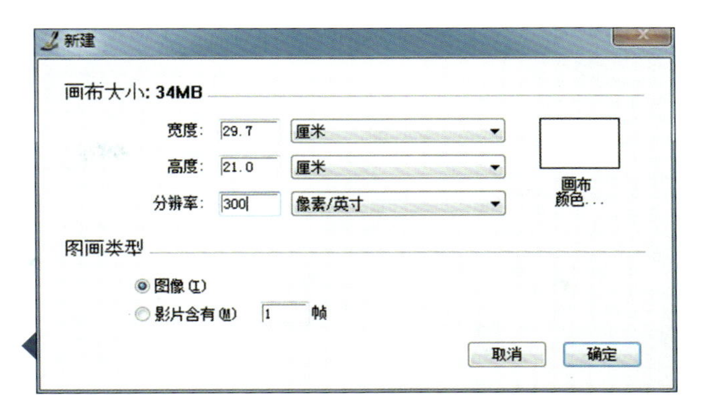

图 4-38

图 4-39

（2）填充个灰底，并把前景色定为黑色，调整笔刷到适当大小，在画布上绘制草稿。新建图层，先用2B铅笔打形，起稿十分重要，一定要有耐心，除非你很有把握，对形体非常了解，就可以忽略这一步，直接厚涂（图4-39、图4-40）。

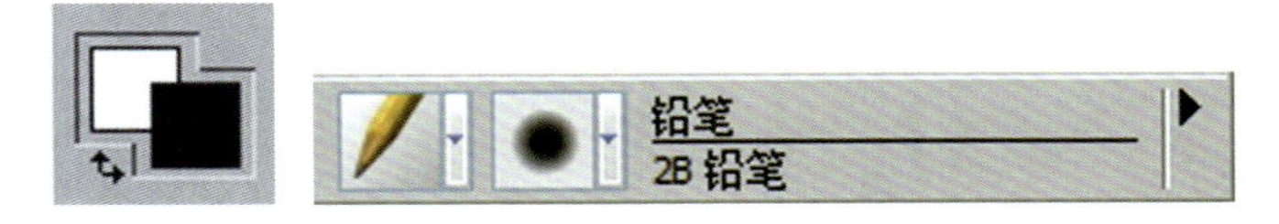

图 4-40

（3）铺大色调，这里使用粉笔笔刷，透明度在50%左右，把所有的固有色铺上，注意冷暖对比，暗部采用冷色调，亮部用暖色调。这样画好后比较容易继续深入下去（图4-41、图4-42）。

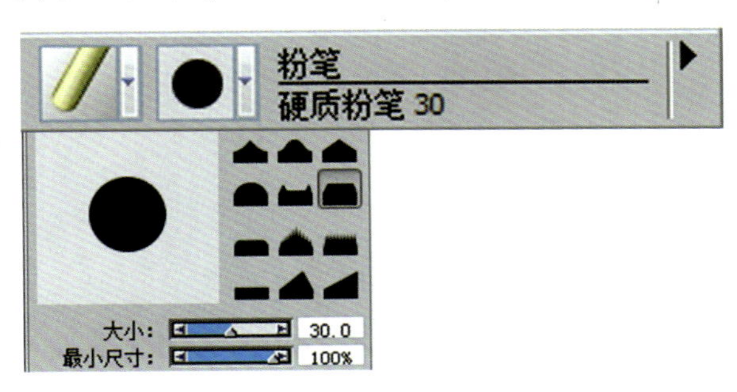

图 4-41

图 4-42

图 4-43

（4）画面偏灰，从暗部继续加深，大关系搞定了，然后直接深入，从眼睛开始。注意要根据明暗对比、冷暖对比（图4-43）。

（5）过渡方法有两种，一是调整不透明度吸取旁边的颜色反复叠加，二是使用调和笔涂抹。我们把常用的笔刷一一拖出来，就会出现自定义窗口，切换笔刷时就不用再去找了（图4-44）。

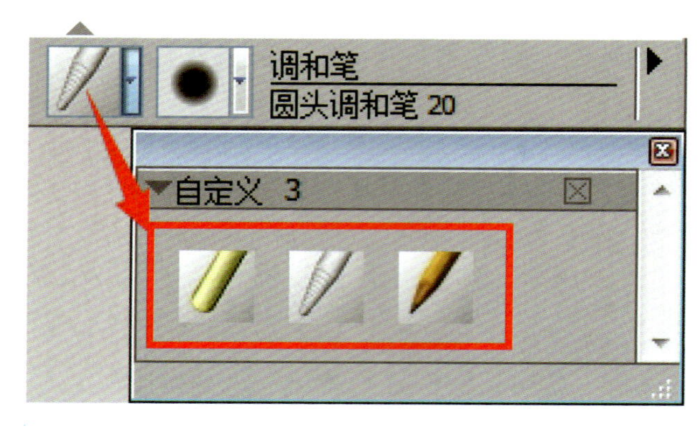

图 4-44

图 4-45

（6）看人先看脸，先把五官画好了才会愉快地继续画下去，从脸开始延伸至头饰。先简后繁，否则会凌乱，先有块、再有面、再有线，一步一步来（图4-45、图4-46）。

图 4-46

(a)

(7) 处理头发，一定要先从体积和固有色先画，到后面把画笔调小，在亮部和明暗交接处多画几条发丝，整个头发的质感就出来了（图4-47）。

(b)

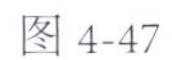

图 4-47

(a)

(8) 布料的处理，明暗过渡一定要自然，这里要多用调和笔，调整不透明度的方法不适合深入刻画。结合粉笔深入体现质感。

(b)

图 4-48

(a)

(b)

图 4-49

（9）这部分花朵的刻画没那么细致，因为这部分处于暗部，不需要刻画得很仔细，要和亮部形成对比，虚实的处理，这样使画面更加有空间感，也不会喧宾夺主，注意画面的主次关系（图4-49）。

（10）最后，观察整体，小细节加以调整修饰，完成最终效果（图4-50）。

图 4-50

第三节 Painter

过程案例 1

步骤一

步骤二

步骤三

步骤四

步骤五

图 4-51

第四节 Painter

过程案例 2

步骤一

步骤二

步骤三

步骤四

图 4-52

第五节 Painter

过程案例 3

图 4-53

第六节 Painter

过程案例 4

步骤一

步骤二

步骤三

步骤四

步骤五

步骤六

步骤七

图 4-54

第七节 Painter
过程案例 5

步骤一

步骤二

步骤三

步骤四

步骤五

步骤六

步骤七

图 4-55

第八节 Painter
时装画欣赏

Painter 时装插画欣赏

参考文献

[1] 美国Adobe公司. Adobe Photoshop CS6中文版经典教程（彩色版）[M]. 张海燕，译. 北京：人民邮电出版社，2014.

[2] 毕泰玮 .Painter 11 中文版标准培训教程 [M]. 北京：人民邮电出版社，2010.

[3] 菲雪 . 零基础学板绘：SAI 漫画板绘技法完全教程 [M]. 北京：人民邮电出版社，2017.

[4] 江汝南 . 数码时装插画探魅 [J]. 文艺生活 LITERATURE LIFE，2012，38.

[5] 陈惟，游雪敏 .CG 插画全攻略 [M]. 沈阳：辽宁美术出版社，2011.

[6] 佚名 . 手绘板什么牌子好 [EB/OL]. 百度经验，(2013-10-07)[2015-04-15]. http://jingyan.baidu.com/article/84b4f565d423f760f6da320b.html.

[7] Cher Threinen-Pendarvis. 数位板这样玩 :Photoshop+Painter 数码手绘必修课 [M]. 刁臣宏，郗鉴，刘荣，叶强，译 .2 版. 北京：人民邮电出版社，2015.

[8] 豆豆 .painter8 笔刷介绍教程 [EB/OL]. 朱峰社区，(2011-11-11)[2015-04-01]. http://www.zf3d.com/news.asp?id=8810.

新书推荐

书名：服装商品企划实务（第2版）
作者：马大力　主编
　　　卫小鹃　王晓云　副主编
定价：49.80元
出版时间：2018年8月
ISBN: 978-7-5180-5069-7

书名：服装制板师岗位实训（上下册）
作者：胡莉虹　张华玲　编著
定价：52.00元
出版时间：2018年4月
ISBN: 978-7-5180-4812-0

书名：西洋服装史
作者：吴妍妍　主编
定价：58.00元
出版时间：2018年5月
ISBN: 978-7-5180-4956-1

书名：英国经典男装样板设计
作者：葛瑞·克肖 著
定价：88.00元
出版时间：2018年1月
ISBN: 978-7-5180-3985-2

书名：服装结构设计：女装篇
作者：张文斌　主编
定价：58.00元
出版时间：2018年1月
ISBN: 978-7-5180-4260-9

书名：服装结构设计：男装篇
作者：张文斌　主编
定价：49.80元
出版时间：2017年10月
ISBN: 978-7-5180-3356-0